Mrinalini Chandel

Variação de caracteres fenológicos em clones de Bauhinia variegata

Mrinalini Chandel

Variação de caracteres fenológicos em clones de Bauhinia variegata

ScienciaScripts

Imprint

Any brand names and product names mentioned in this book are subject to trademark, brand or patent protection and are trademarks or registered trademarks of their respective holders. The use of brand names, product names, common names, trade names, product descriptions etc. even without a particular marking in this work is in no way to be construed to mean that such names may be regarded as unrestricted in respect of trademark and brand protection legislation and could thus be used by anyone.

Cover image: www.ingimage.com

This book is a translation from the original published under ISBN 978-620-7-84273-5.

Publisher:
Sciencia Scripts
is a trademark of
Dodo Books Indian Ocean Ltd. and OmniScriptum S.R.L publishing group

120 High Road, East Finchley, London, N2 9ED, United Kingdom
Str. Armeneasca 28/1, office 1, Chisinau MD-2012, Republic of Moldova, Europe
Printed at: see last page
ISBN: 978-620-7-92507-0

ÍNDICE

CAPÍTULO-1

INTRODUÇÃO

A fenologia é o estudo da resposta das plantas às alterações do clima. O conceito é mais comummente utilizado em ecologia para refletir o período de tempo das ocorrências sazonais, incluindo as datas da última aparição. As pequenas variações no clima têm grande influência sobre a vegetação. Os padrões de eventos fenológicos são utilizados para caraterizar a vegetação de várias formas (Opler et al., 1980). Os estudos fenológicos fornecem informações e conhecimentos sobre os padrões de crescimento e desenvolvimento das plantas, bem como sobre os efeitos ambientais e as pressões selectivas sobre os comportamentos de floração e frutificação. A produção animal tem sido a espinha dorsal da agricultura na Índia e a fonte de emprego nas zonas rurais durante séculos. Este sector tem sido a principal fonte de energia para as operações agrícolas e a principal fonte de proteínas animais para as massas. A Índia tem sido o país de origem das principais raças de gado bovino para a seca, para leite e para fins duplos. Todo o sistema da nossa economia rural tem girado em torno da produção de gado. A principal fonte de forragem para o gado na Índia são as forragens cultivadas, os resíduos de culturas agrícolas, as gramíneas, as ervas daninhas, as folhas de árvores e arbustos, etc. A produção total de forragem de árvores, arbustos, trepadeiras e ervas das florestas é de grande importância, particularmente durante o período de escassez e fome. As árvores que podem ser cultivadas em conjunto com culturas agrícolas ou em terrenos marginais e terrenos baldios constituem uma oportunidade para produzir alimentos verdes nutritivos para animais. A forragem de folhas disponível a partir de árvores e arbustos constitui aproximadamente 10% do total de forragem verde disponível no país (Dwivedi, 1999). As árvores são capazes de produzir tanta forragem verde como as culturas forrageiras agrícolas por unidade de superfície. Além disso, as árvores têm a capacidade de crescer em condições e em zonas onde as culturas forrageiras tradicionais não podem ser cultivadas, tais como encostas íngremes e rochosas, zonas áridas, solos salinos e alagados e zonas com condições climáticas severas. A capacidade das árvores de reter a água das camadas subterrâneas profundas e de resistir à seca é outra vantagem notável em relação a outras culturas forrageiras. As árvores não necessitam dos pesados factores de produção necessários para as culturas forrageiras sob a forma de fertilizantes, pesticidas, fungicidas, mão de obra, etc. Por conseguinte, há uma necessidade urgente de aumentar a produção de forragem foliar através da plantação de espécies de árvores forrageiras polivalentes de qualidade superior. Uma das espécies forrageiras importantes em que os agricultores confiam durante o período de carência de inverno, quando as gramíneas estão secas, menos digeríveis e pouco palatáveis, é a Bauhinia variegata, vulgarmente conhecida por kachnar. O kachnar (Bauhinia variegata) é uma árvore de folha caduca, de pequeno ou médio porte, com copa alongada e folhagem verde. Pertence à família fabaceae e à subfamília caesalpenaceae. Cresce habitualmente na zona sub-himalaia e nos Himalaias exteriores a partir do rio Indo para leste, subindo até aos 1830 metros em Assam, e também nas florestas secas do centro-leste e do sul da Índia em Madhya Pradesh, Uttar Pradesh, Andhra Pradesh e Tamil Nadu (Anónimo, 1983). A espécie encontra-se dispersa por quase toda a zona subtropical e Shiwalik até uma altitude de 1400 metros em Himachal Pradesh. É uma espécie arbórea polivalente que produz forragem, combustível, fibra e madeira de pequena dimensão. A árvore tem uma boa reputação em termos de firmeza ao vento, ampla adaptabilidade, resistência à seca e à geada, talhadia e elevado valor estético (Anónimo, 1983). As árvores são também utilizadas como forragem para o gado durante o período de carência do inverno. Todas estas características tornam esta espécie adequada para o desenvolvimento de terrenos baldios e programas de florestação. A madeira é castanha acinzentada, dura, moderadamente pesada e utilizada para alfaias agrícolas. As flores frescas são consumidas como vegetais. Os botões florais também são consumidos sob a forma de pickles e vegetais (Negi, 1972). As partes da árvore têm diversos valores medicinais. A casca é anti-inflamatória, adstringente e utilizada em doenças de pele. É utilizada para remover vermes intestinais e para impedir a decomposição de tumores (Chopra e Nayer, 1956). Também é utilizada na preparação Ayurvédica para o bócio e também para vários inchaços glandulares (Anónimo, 2000). Os botões secos são utilizados como remédio para as hemorróidas e a disenteria. As flores são úteis na cura de doenças da bílis, doenças oculares, tosse, hematúria estíptica e menorragia (Kirtikar e Basu, 1933). A raiz é utilizada como antídoto para o veneno de cobra. É utilizada para o tratamento de hemorróidas hemorrágicas, tosse, diarreia, disenteria, azia, indigestão, malária, doenças de pele, dores de garganta, lepra, úlcera, obesidade e vermes. Os agricultores recorrem a esta espécie durante o longo período de inverno, quando as gramíneas estão secas, menos digeríveis e intragáveis. A espécie pode ser cultivada em combinação com culturas agrícolas ou em terrenos baldios marginais e oferece ao gado a oportunidade de produzir forragem verde nutritiva, particularmente durante o período de escassez de água. As folhas são uma boa forragem e são consumidas com prazer pelo gado, ovelhas e cabras (Gautam.2012). Para estabelecer objectivos para a conservação e o melhoramento dos recursos genéticos das árvores, é necessário compreender o grau de diversidade entre as árvores. O melhoramento genético das espécies arbóreas florestais é realizado da mesma forma que em qualquer outro programa de seleção, ou seja, para alterar a média da população, assegurando que apenas determinados indivíduos podem contribuir para a geração seguinte. O objetivo pode ser alcançado através da seleção de árvores mais fortes e da criação dos seus descendentes através de sementes ou ramos. A espécie oferece uma oportunidade para investigar a variação entre descendentes e selecionar indivíduos superiores para utilização posterior em sementes e melhoramento de pomares, etc. Assim, no pomar de sementes clonais (enxertadas) já desenvolvido, foram avaliados quinze clones para caracteres fenológicos e morfométricos específicos com os seguintes objectivos

i) Estudar o comportamento fenológico de diferentes clones.

ii) Determinar a variação clonal para caracteres morfométricos.

CAPÍTULO 2

REVISÃO DA LITERATURA

A variação é a regra da natureza. Existe entre espécies, raças e indivíduos dentro de uma espécie devido à sua constituição genética, ao ambiente em que crescem e à interação entre factores genéticos e ambientais. As variações são o resultado de uma seleção ambiental contínua durante gerações. O estudo da variação em geral é a primeira informação para qualquer programa de melhoramento. É útil na comparação da população para selecionar indivíduos superiores para fins de reprodução e produção em massa para programas funcionais operacionais. Um breve resumo do trabalho relevante para os presentes estudos é o seguinte

2.1 PARÂMETROS FENOLÓGICOS

A fenologia é um aspeto importante das árvores porque o nosso abastecimento alimentar depende da altura dos eventos fenológicos. As árvores fornecem forragem foliar de árvores e arbustos para o gado, flores, frutos e a forragem foliar é tão nutritiva como as leguminosas forrageiras. A boa qualidade das forragens arbóreas é importante para uma maior produtividade do gado. O trabalho efectuado sobre este aspeto é apresentado a seguir:

Fennner (1998) realizou o estudo dos aspectos fenológicos das plantas, que envolveu a observação, o registo e a interpretação do momento em que ocorrem os acontecimentos da sua história de vida. Esta revisão considera a fenologia da folhagem, floração e produção de frutos numa série de espécies e comunidades. Os autores observaram que, dentro dos limites impostos pelas restrições filogenéticas, os padrões fenológicos (época, frequência, duração, grau de sincronia, etc.) de cada fase são provavelmente o resultado de um compromisso entre uma variedade de pressões selectivas, como as alterações climáticas sazonais, a disponibilidade de recursos e a presença de polinizadores, predadores e dispersão de sementes. Foi sublinhada a importância do registo a longo prazo, especialmente no caso de espécies que frutificam irregularmente. Concluiu que a compreensão da fenologia das plantas é crucial para a compreensão da função e diversidade da comunidade.

Chauhan e Singh (2001) observaram que em Terminalia arjuna a antese começou de abril a julho e as flores abriram entre 5:30 e 7:30 da manhã. A queda das folhas ocorreu em outubro e continuou até abril, tendo a queda máxima sido registada em janeiro. Kimkim e Yadava (2001) estudaram as características fenológicas de 32 espécies de árvores dominantes nas colinas de Kangchup, ecossistemas florestais de Manipur. A queda das folhas, o fluxo foliar, a floração e o crescimento dos frutos foram estudados durante o período de janeiro de 1993 a dezembro de 1994 em espécies arbóreas de sub-bosque e de sobre-bosque. Em todos os sítios florestais, o número de espécies de árvores de folha persistente foi superior ao de espécies de folha caduca. Algumas espécies arbóreas apresentaram queda de folhas na estação seca e fria (janeiro-fevereiro) e queda de folhas no início da estação seca e quente (março-abril) e outra na estação das chuvas (agosto). As espécies com mais e menos árvores apresentaram um aumento elevado da floração em abril. O pico de maturação dos frutos ocorreu em setembro e outubro. A rebentação das folhas e a floração foram simultâneas nas espécies com e sem árvores de soalho, enquanto a frutificação das espécies com árvores de s o a l h o foi um mês mais cedo do que a das espécies com s o a l h o.

Pant et al. (2003) verificaram em Grewia optiva que a antese começava a partir de 30 de março nas horas da manhã, das 9:00 às 11:00 horas, e que um aumento da temperatura tinha uma influência acentuada na mesma. Chauhan et al. (2004) observaram que Dalbergia sissoo permaneceu sem folhas de dezembro a janeiro.

A floração, que apareceu de março a abril, foi influenciada pelo aumento da temperatura. Todo o processo demorou quinze a vinte dias desde o início do botão até à abertura da flor e sete a oito meses desde o início do botão até às vagens totalmente maduras. A antese teve lugar entre as 10:00 e as 14:00 horas. As anteras dehiscedem durante a manhã na fase de botão, imediatamente antes da abertura da flor.

Pande et al. (2004) apresentaram os resultados sobre a fenologia do nim (Azadirachta indica) obtidos em diferentes zonas agro-climáticas. O principal período de queda das folhas situa-se entre fevereiro e março, exceto no vale de Narmada, onde se prolongou até abril. A emergência das folhas teve início em fevereiro e prolongou-se até abril em diferentes zonas agro-climáticas. A fase vegetativa permaneceu durante sete meses (agosto a janeiro) em todas as zonas climáticas, exceto no vale de Vainganga, onde durou apenas seis meses. O início da floração ocorreu em fevereiro em todas as zonas climáticas, exceto no vale de Narmada, onde foi registado em março e o início da frutificação começou entre março e abril. O impacto do clima foi observado n o s caracteres morfológicos e fenológicos da espécie.

Singhal et al. (2005) efectuaram estudos sobre a biologia floral, o mecanismo de polinização e os sistemas de reprodução de Bauhinia variegata e Bauhinia candida. Observaram que as flores surgiram em ambas as variedades em fevereiro-março. A abertura da flor, a deiscência da antera e a recetividade do estigma, que são síncronas, ocorreram entre as 12:00-16:00 horas na variedade variegata e entre as 05:00-09:00 na variedade candida. Todas as anteras da flor deiscem de forma síncrona. Insectos como sirfídeos, escaravelhos e duas espécies de abelhas, Apis dorsata e A. mellifera, visitaram a flor durante a disponibilidade máxima de pólen. A espécie não tem agamospermia, mas existe autogamia, geitonogamia e xenogamia.

Sundarapandian et al. (2005) registaram a fenologia vegetativa e reprodutiva de 42 espécies de árvores de florestas tropicais em Kodayar, nos Ghats Ocidentais,

Tamil Nadu, efectuando visitas quinzenais durante dois anos. Verificou-se uma variação considerável no comportamento do fluxo foliar, da floração, da frutificação e da queda das folhas, que pode ser parcialmente atribuída a factores bióticos. O pico de atividade da queda das folhas e do aparecimento de folhas, que ocorreu no início do período seco, pode ser devido ao facto de se tirar o máximo partido da primeira estação das chuvas para o crescimento vegetativo e a reprodução. O pico da atividade de floração coincidiu com a queda das folhas ou com o seu despontar para atrair polinizadores. O comportamento fenológico exibido pelas árvores foi uma adaptação ao ambiente abiótico e biótico circundante.

Mishra et al. (2006) investigaram a fenologia vegetativa e reprodutiva de 57 espécies de sobrearbustos e 33 espécies de subarbustos numa floresta tropical húmida de folha caduca da Reserva da Biosfera de Similipal (SBR), em Orissa. Um pico proeminente na queda das folhas, na exuberância das folhas e na floração das espécies com mais de um andar ocorreu em março, abril e maio, respetivamente. Embora o período de pico desses fenómenos fenológicos nas espécies rasteiras tenha sido ligeiramente diferente nas espécies rasteiras. O período de pico da frutificação das espécies rasteiras e das espécies sobrepovoadas foi o mesmo, ou seja, de maio a junho. A fenologia da frutificação seguiu de perto a fenologia da floração. A queda dos frutos culminou antes ou logo no início da estação das monções, garantindo assim a disponibilidade de humidade suficiente para a germinação das sementes. A exuberância das folhas, a queda das folhas e a floração, tanto nas espécies de cobertura como nas de cobertura, foram desencadeadas por alterações na duração do dia e na temperatura. A informação fenológica obtida no estudo, tanto para as espécies de cobertura como para as de sub-bosque, foi sobretudo influenciada pelas estações do ano.

Jadeja e Nakar (2010) registaram observações de dez espécies de árvores lenhosas de oito famílias diferentes na floresta de reserva de Girnar, perto de

Junagarh, no estado de Gujarat, no oeste da Índia. Todas as dez espécies tinham um comportamento fenológico quase idêntico durante o ano. A queda das folhas na maioria das espécies ocorreu em janeiro e em fevereiro-março e as folhas novas começaram a aparecer antes da monção. Cinco espécies apresentaram uma atividade máxima de frutificação no mês de dezembro. Antes dos aguaceiros da pré-monção, em junho, a deiscência dos frutos estava concluída em duas espécies, enquanto oito espécies não tinham deiscência. A Tectona grandis teve um período máximo de floração de 146 dias, enquanto a Derris indica teve um período máximo de floração de 246 dias para os frutos, bem como um período máximo de floração de 44 semanas no ano.

Bajpai et al. (2012) identificaram os caracteres fenológicos de duas espécies de Shorea robusta e Ficus hispida que ocorrem no Santuário de Vida Selvagem de Katemiaghat (KWS), uma floresta tropical húmida de folha caduca ao longo da fronteira Indo-Nepal no Norte da Índia. Foram escolhidas dez árvores para cada espécie e um total de 160 galhos foram etiquetados para a recolha de dados fenológicos. Mensalmente, foram registados o início e a conclusão de várias penofases, como a iniciação do botão foliar, a emergência das folhas, a formação de folhas jovens, a queda das folhas, o crescimento dos botões florais, a formação de flores e de frutos. Também registámos o número de botões foliares, folhas jovens, folhas maduras e folhas totais. A área real da folha também foi determinada com papel milimétrico. Em ambas as espécies, o rebentamento dos botões foliares e a floração começaram no pós-inverno (março-abril) e a queda máxima de folhas foi registada na estação pós-monção (novembro-fevereiro). Os frutos jovens começaram a aparecer na estação seca (maio) em Shorea robusta e amadureceram antes da monção (junho).

Lokho et al.(2012) investigaram a fenologia reprodutiva e os caracteres morfológicos de dezasseis espécies de Dendrobium spp. indianas das regiões do nordeste da Índia. A altura do caule do pseudobolbo com nós e entrenós variou de 15 cm a 130 cm e a altura máxima foi registada em D.moschatum. Folhas lanceoladas sésseis com comprimento máximo foram registadas em D. moschatum. A inflorescência mais longa foi encontrada em D.clavatum, as flores maiores foram registadas em D. formosum.

Kaur et al. (2013) observaram várias actividades fenológicas, como a formação de botões, a época das flores, a época dos frutos e a formação de sementes de algumas leguminosas de Amritsar, Punjab, durante três anos consecutivos, de 2009 a 2011. Foram seleccionadas quinze espécies para registar cada penofase. Os resultados revelaram que a formação de gomos foi de 60% no início do verão e foi distribuída quase uniformemente durante o resto do ano nos três anos. Observou-se uma tendência semelhante para a floração, que também registou um pico de 66,7% no início do verão e outro pequeno pico de 55,33% durante o período pós-monção nos três anos. A percentagem máxima de espécies de plantas com frutificação foi observada nos meses de março, abril e maio (60%), o que resultou na fixação máxima de sementes nos meses de junho, julho e agosto durante o período de estudo. A comparação da floração nos três anos revelou que a floração máxima das plantas ocorreu no mês de abril em 2011.

Nakar et al. (2014) efectuaram observações na floresta da reserva de Girnar, perto de Junagarh, em Gujarat, sobre duas espécies lenhosas arbóreas distintas, Adansonia digitata e Bombax ceiba, da família Bombacaceae. Durante o período de observação, a atividade fenológica de ambos os organismos foi significativamente diferente. Em Adansonia digitata, a folhagem nova e a queda de folhas mantiveram-se como valor médio para ambos os anos durante 50 e 131,5 dias, respetivamente, enquanto a floração e a frutificação foram observadas durante 50,5 e 33 dias, respetivamente. Vários parâmetros fenológicos também foram avaliados em Bombax ceiba.

Dutta & Devi (2015) efectuaram uma investigação sobre as espécies Bauhinia variegata, Careya arborea, Dillenia pentagyna, Sterculia colorata, Sterculia villosa e Terminalia belerica em duas florestas de Assam, nomeadamente a floresta de reserva de Lumding e a floresta de reserva de Dobaka. Caracteres como a queda das folhas, a iniciação das folhas, a floração e a frutificação foram registados mensalmente durante um ano. As fenofases dependiam dos factores ambientais da área de estudo e eram exclusivas das espécies. A estação fria e seca do inverno esteve largamente associada à queda das folhas de todas as espécies seleccionadas, mas durante este período a Bauhinia variegata e a Terminalia balerica apresentaram frutificação.

Nakar e Jadeja (2015) efectuaram uma investigação sobre 26 espécies de 13 famílias botânicas diferentes na floresta da reserva de Girnar, perto de Junagarh, Gujarat. Os eventos fenológicos reprodutivos floração e frutificação foram registados de agosto de 2008 a agosto de 2011. A fenologia da floração e da frutificação variou significativamente (P<0,01). Os valores médios de percentagem de espécies em evento de floração indicaram maior pico em setembro seguido de agosto; o maior pico de frutificação (83,3%) foi observado em dezembro seguido de janeiro (57,7%). A espécie Sida cordifolia apresentou a maior média agrupada de 179 dias para a floração, porém Vernonia anthelmintica apresentou a menor média de 33,3 dias de floração. A média mais alta e mais baixa de dias de floração foi de 179. No entanto, a Vernonia anthelmintica registou o número mais baixo de dias de floração, com uma média de 33,3. O maior e o menor número de dias de frutificação foram registados para Cassia auriculata e C. occidentalis com 279,7 e 35,7 dias/ano, respetivamente. Com base na floração, três espécies foram identificadas com floração de longa duração, enquanto seis espécies foram identificadas com floração de curta duração. Cinco e duas espécies foram seleccionadas para frutificação longa e frutificação curta, respetivamente. O desvio médio da floração entre todas as espécies foi de 16,4 dias durante todo o período de estudo.

Anil & Prabodh (2017) investigaram os caracteres fenológicos e morfológicos de Bauhinia variegata em Agra. Foram seleccionadas e marcadas dez plantas para estudos fenológicos. Os dados fenológicos e morfológicos foram registados ao longo do ano. Os estudos fenológicos incluíram a imitação de botões, a floração, a frutificação e a dispersão de sementes, enquanto os caracteres morfológicos incluíram caracteres foliares, inflorescência, morfologia floral, dimensões florais, morfologia do pólen, biologia do fruto e morfologia da semente.

Renjumol e Radhamany (2017) obtiveram informações sobre a fenologia, a polinização e o sistema de reprodução de A. nobilis que cresce no distrito de Thiruvananthapuram. As observações registadas foram as seguintes: as flores eram grandes, bissexuais, inodoras, vermelho-carmesim e não estavam dispostas em racemos longos e pendentes. As flores eram altamente protândricas, uma vez que as anteras se dehisciam nos botões muito antes da recetividade do estigma. As anteras eram versáteis e produziam grande quantidade de pólen, mostrando apenas 29±5% de viabilidade pelo teste FDA e 35% de germinação in vitro em meio B&K, enquanto apenas 25% germinavam na superfície estigmática. O máximo de flores e frutos foi registado em plantas de polinização aberta.

Farooq et al. (2018) efectuaram estudos sobre o espetro fenológico e biológico da flora arbórea em Tanwal superior, distrito de Mansehra, KP, Paquistão. Um total de 127 pontos de amostragem (10*10m²) foram colocados em diferentes locais em Upper Tanawallies para recolher dados de campo utilizando o método da quadratura. Verificaram que a região alberga 53 espécies diferentes de árvores de 39 géneros pertencentes a 25 famílias de árvores. Os espectros biológicos das árvores foram desenvolvidos por Raunkiaer (1934). Os resultados mostraram que os mesofanerófitos eram a forma de vida dominante, contribuindo com 34 (64%) de todas as espécies de árvores. Foram também efectuadas visitas de campo regulares durante a época de floração e frutificação (2016-17). Os resultados indicaram que a maioria das espécies arbóreas da área apresentou floração durante abril-maio (32%), enquanto a frutificação máxima foi registada em junho-julho (36%). Concluiu-se que as actividades angiospérmicas nestas florestas devem ser reduzidas para superar a desflorestação.

Singh e Sahoo (2019) relataram a fenologia de seis espécies dominantes de árvores na floresta semi-perene do Campus da Universidade de Mizoram, no distrito de Aizawl, em Manipur. As espécies seleccionadas de árvores de folha caduca e de folha perene apresentaram variações fenológicas significativas. Ao longo do ano, as árvores de folha persistente perdem as folhas velhas e lançam novas folhas com intervalos máximos no final da estação seca, na maioria das vezes. No entanto, as árvores de folha caduca lançam novos rebentos após as chuvas na estação húmida. As espécies sempre-verdes observaram a floração principalmente após a queda de folhas, exceto Schima wallichii, onde os novos rebentos apareceram simultaneamente durante a floração, enquanto as espécies de folha caduca floresceram pouco depois da queda de folhas. No entanto, as árvores de folha caduca lançam novos rebentos após as chuvas na estação húmida. As espécies de folha perene apresentaram floração principalmente após a queda das folhas, exceto a Schima wallichii, onde os novos rebentos aparecem simultaneamente durante a floração, enquanto as espécies de folha caduca floresceram pouco depois da queda das folhas. Os resultados fenológicos da presente análise serão importantes para a proteção das espécies arbóreas estudadas na conservação in situ e ex situ.

Hidayat e Suhendri (2020) efectuaram investigações para analisar o efeito do microclima no ciclo de floração e frutificação de Acer laurinum, que foi plantado em 1986 no Jardim Botânico de Cibodas, Cianjur, Java Ocidental. O estudo recorreu a uma análise quantitativa pormenorizada baseada na observação exploratória-inventária da floração e da frutificação, que ocorreram do início de janeiro a abril e de setembro a dezembro, no final do ano, juntamente com um período de precipitação elevada. As outras unidades microclimáticas também se alteraram dinamicamente, mas a fenologia da floração e da frutificação não foi muito afetada. Os resultados sugerem que, durante estes períodos, a colheita de sementes e o repovoamento podem ser efectuados de modo a obter o máximo de resultados.

2.2 VARIAÇÃO DOS CARACTERES MORFOMÉTRICOS

Veerendra e Sharma (1990) referiram que os caracteres diâmetro do colo, comprimento da raiz, comprimento do rebento e número de folhas por planta variavam significativamente entre diferentes fontes de sementes de Santalum album, mas a altura das plântulas não apresentava diferenças significativas. White et al. (1990) investigaram a variação genética em seis proveniências de Dalbergia sissoo e observaram diferenças substanciais na sobrevivência, vigor, crescimento e forma das plântulas.

Goel et al. (1997) estudaram vinte e uma famílias de meios-irmãos de Prosopis juliflora e relataram que todas as famílias seleccionadas da espécie tiveram um desempenho superior ao da população de base, bem como ao do controlo. A melhor família foi superior em altura e diâmetro em 20,9% e 17,6%, respetivamente, e as diferenças foram consideradas estatisticamente significativas.

Dhillon et al. (2000) estudaram os traços das plântulas de Dalbergia sissoo e referiram que a altura das plântulas, o peso das folhas e a altura até ao primeiro ramo contribuíam mais diretamente para o diâmetro do colo e indicavam um traço importante nas espécies florestais ao nível das plântulas.

Anand (2003) observou que o coeficiente de correlação genotípica era superior ao fenotípico para todos os factores morfológicos, biomassa, nutrientes minerais e princípios de proximidade em Bauhinia variegata. Sankhyan et al. (2004) investigaram a variação dos caracteres morfológicos em diferentes espécies de Seabuckthorn nos desertos frios de Himachal Pradesh. As diferentes espécies apresentaram variações nos caracteres dos ramos, folhas, espinhos e frutos em condições naturais. No que respeita à variação com a idade em ambas as espécies, foi referido que os caracteres dos ramos, folhas e frutos revelaram uma tendência crescente até aos nove anos de idade, após o que começaram a diminuir. Wani (2005) encontrou variações morfológicas em trinta e duas árvores de Bauhinia variegata em condições de estufa e de campo. Os estudos revelaram que a descendência de árvores "plus" de Pinjour, Kandaghat e Giripul apresentou um desempenho excelente em termos de caracteres morfológicos, nomeadamente altura, diâmetro, número de ramos, área foliar, etc., em comparação com todas as outras descendências de árvores em estufa.

Lavania et al. (2006) efectuaram estudos sobre as respostas morfológicas das folhas em Quercus aquifolioides ao longo de um gradiente altitudinal e concluíram que as respostas ao gradiente altitudinal não eram lineares com o aumento da altitude. Calagari e Modirrahmati (2006) registaram a variação morfológica dos traços foliares de Populus euphratica. Observaram a correlação entre os traços morfológicos e os factores geoclimáticos, demonstrando a existência de um clímax que controla a distribuição das populações de choupo eufrásio, e encontraram diferenças significativas nas características morfológicas das populações das partes oriental e ocidental do Irão.

Wani et al. (2008), ao trabalharem com trinta e duas fontes de sementes diferentes de Bauhinia variegata, estimaram a correlação genotípica e fenotípica entre vários caracteres e demonstraram que os estudos de correlação permitem uma melhor compreensão durante o programa de seleção. Observaram coeficientes de correlação fenotípica inferiores aos correspondentes coeficientes genotípicos, o que pode dever-se quer ao efeito modificador do ambiente quer à forte associação inerente dos caracteres a nível genético.

Mishra et al. (2009) realizaram estudos sobre espécies indígenas seleccionadas de madeira para combustível e de árvores forrageiras da região subtropical dos Himalaias para selecionar espécies adequadas de madeira para combustível e de árvores forrageiras para uma maior produção de biomassa. Com base nos resultados das características das sementes e do crescimento, concluíram que Grewia optiva, Bauhinia variegata e Albizzia lebbeck eram as espécies mais adequadas para plantações na região subtropical. Rana et al. (2009) avaliaram as descendências de vinte e cinco fontes de sementes (mais árvores) de Toona ciliata em condições de viveiro e de campo. A altura das mudas, o diâmetro do colo e o número de folhas indicaram um quadrado médio significativo para todos os caracteres em condições de viveiro. A altura da plântula e o diâmetro do colo apresentaram alta herdabilidade, juntamente com alto avanço genético após 120 dias de semeadura.

Peris et al. (2015) estudaram a divergência genética de cinco acessos de amoreira, incluindo Embu, Thika, Tailândia (M. alba), Kanva-2 e S41 (M. indica) cultivados no Quénia, utilizando 12 características fenotípicas. Observaram que os traços que eram significativamente diferentes entre os acessos de amoreira incluíam a largura da lâmina e o comprimento do pecíolo (P<0,01), a largura do pecíolo e a altura de crescimento (P<0,05), a distância dos entrenós e o número de ramos (P<0,001). O estudo revelou que os acessos Embu e Tailândia foram caracterizados por um menor número de ramos do que o resto dos acessos. Por outro lado, o acesso Thika tinha um número elevado de ramos e uma distância curta entre os entrenós. Foi encontrada uma correlação significativa e positiva entre as características de rendimento foliar, exceto na distância entre os entrenós e no número de ramos, que foram significativos e negativamente correlacionados.

Wani et al. (2014) investigaram a natureza e a magnitude da variabilidade genética e a sua inter-relação com os traços foliares e de rendimento em 17 fenótipos de Morus spp. A análise de variância do comprimento da lâmina, largura da lâmina, peso da lâmina, peso do pecíolo e relação folha-pecíolo por peso, comprimento do pecíolo, relação folha-pecíolo por comprimento e rendimento foliar por planta mostrou uma variação significativa. O rendimento foliar mais elevado foi registado (4,751kg/planta) em Goshoerami, seguido de SKM-33 (4,100kg/planta) durante a estação da primavera, enquanto que foi registado (4,863kg/planta) em Goshoerami e (4,450kg/planta) em SKM-33 durante a estação do outono. Eles descobriram que Goshoerami e SKM-33 exibiram o maior rendimento de folhas, que pode ser usado em futuros programas de melhoramento.

Ma et al. (2015) registaram a variação clonal em quatro clones de choupo híbrido cultivados em três locais no Norte da China e identificaram os clones superiores. Verificaram também as propriedades da madeira de quatro clones com seis anos de idade no viveiro de Fengfeng. A variação nos traços de crescimento e a classificação dos volumes do caule diferiram entre os locais. Bajpai et al. (2015) observaram dez caracteres morfológicos quantitativos em 56 clones de Morus alba representando 3 populações naturais da região trans Himalaia de Ladakh. O coeficiente de variação mostrou uma elevada variação fenotípica. A análise de regressão linear revelou que o tamanho das folhas e dos frutos diminui com o aumento da altitude. O coeficiente de variação elevado foi observado para o comprimento da folha, a largura da folha, o comprimento do pecíolo, a área foliar, a distância inter-nodal, o número de nós, a largura do fruto, o comprimento do fruto e o peso do fruto. Da mesma forma, foi registado um elevado índice de plasticidade fenotípica para o comprimento do gomo, comprimento da folha, largura da folha, comprimento do pecíolo, área da folha, distância inter-nodal, número de nós, comprimento do fruto, largura do fruto e peso do fruto. A análise de variância mostrou um efeito predominante da altitude sobre os caracteres morfológicos em comparação com o efeito da população. Uma pequena alteração na altitude causou alterações significativas na morfologia da planta.

Prajapati et al. (2016) estudaram a variação na morfologia foliar de Grewia optiva Drumm ex Burr. ao longo de um gradiente altitudinal. Os parâmetros de estudo foram o comprimento do pecíolo, o número de nervuras laterais, o comprimento da folha, a largura máxima da folha e a área da lâmina foliar em diferentes altitudes. O estudo foi efectuado numa faixa altitudinal de 1000m a

2000m, que foi posteriormente dividida em três faixas diferentes: 1000-1300m, 1300-1600m e 1600m e acima. Foram seleccionados aleatoriamente três locais em cada faixa altitudinal e em cada local foi escolhida uma árvore com três classes de diâmetro cada. Os resultados mostraram uma grande variação em todos os parâmetros morfológicos das folhas e a maioria deles estava significativamente correlacionada de forma negativa com as altitudes, exceto o comprimento do pecíolo. Os resultados indicaram que o gradiente altitudinal molda em grande medida a morfologia foliar de G. optiva devido a condições quentes e húmidas a menor altitude e a condições frias a maior altitude, o que pode afetar a disponibilidade de luz, nutrientes e humidade.

Sutar et al (2016) investigaram a venação foliar de seis espécies de Bauhinia . Os resultados mostraram a existência de padrões de venação foliar com base no número de veias, posição das veias secundárias, curso e número de ilhotas de veias arenosas. O estudo realçou a importância taxonómica da venação e a sua utilidade na classificação dos táxones. Foram observadas variações específicas das espécies no que respeita à forma da folha, ao ápice e à base da folha em geral e ao padrão de venação em particular.

2.3 VARIABILIDADE GENÉTICA E HEREDITARIEDADE

Thakur et al (2000) realizaram um estudo sobre Alnus nitida e observaram que, em progénies com seis meses de idade, uma elevada hereditariedade estava associada a um elevado avanço genético para a altura dos rebentos, diâmetro do colo, número de ramos por planta e número de folhas por planta, o que indicava a presença de um efeito genético aditivo.

Luna et al. (2009) realizaram um estudo com híbridos de Eucalyptus. As observações do ganho genético em altura foram feitas até aos 3 anos e registaram valores elevados de hereditariedade para a altura (0,67-0,71) e para o diâmetro (0,50-0,59). Também registaram uma correlação significativa positiva elevada do primeiro ao terceiro ano e também encontraram uma correlação fenotípica e genotípica significativa entre o diâmetro e a altura.

Rana et al. (2009) efectuaram uma investigação em 25 progénies de Toona ciliata em condições de campo e de viveiro. A altura das plântulas, o diâmetro do colo e o número de folhas apresentaram um quadrado médio significativo para todos os caracteres em condições de viveiro. O diâmetro do colo e a altura das mudas apresentaram alta herdabilidade (sentido amplo), juntamente com alto avanço genético após 120 dias de semeadura.

Mariappan et al. (2009) observaram estimativas elevadas de hereditariedade enquanto trabalhavam com Grewia laevigata para o extrato livre de azoto (98,5%), potássio (97,8%), cálcio (97,2%), extrato etéreo (93,3%), fósforo (12,88%) e área foliar (59,70%). Os PCV foram superiores aos GCV para os valores de forragem foliar e todos os traços morfológicos.

Sangram e Keerthika (2013) efectuaram estudos entre quinze recursos genéticos de Leucaena leucocephala de três estados da Índia, nomeadamente Andhra Pradesh, Tamil Nadu e Maharashtra. Foram efectuadas observações sobre a altura das plantas, o diâmetro basal, o número de ramos primários e o índice de volume. Os resultados mostraram que os genótipos FCRILL 8 e FCRILL 15 tinham uma altura de planta, um diâmetro basal e um índice de volume significativamente mais elevados do que os restantes genótipos. O índice de volume registou o máximo de PCV e GCV, ou seja, 37,18% e 28,89%, respetivamente. Também teve um alto valor de hereditariedade de 0,60. O avanço genético do índice de volume foi de 46,23, o mais elevado em comparação com todas as outras características. O índice de volume apresentou uma associação fenotípica e genotípica positiva e significativa com a altura da planta (0,76) e o diâmetro basal (0,97). O diâmetro basal revelou uma correlação fenotípica (0,61) e genotípica (0,77) significativa com a altura da planta. A altura da planta mostrou uma associação fenotípica positiva e não significativa

(0,02) e genotípica (0,16) com o número de ramos. O estudo da análise de caminho indicou que o diâmetro basal e a altura da planta tiveram efeito direto no índice de volume.

Triphati et al. (2013) efectuaram um estudo sobre 113 acessos clonais de Jatropha curcas, recolhidos em várias regiões da Índia, para quantificar a magnitude da variabilidade genética presente na população testada. Foi encontrada uma elevada hereditariedade nos frutos por planta, nas sementes por planta, no peso de 100 sementes, na relação semente/caroço e na percentagem de óleo do caroço, juntamente com um elevado avanço genético que pode ser considerado melhoramento. As adesões 76, 120, 29, 86 e 84 apresentaram valores superiores à média para todos os atributos de rendimento, nomeadamente peso de frutos e sementes, peso de 100 sementes, relação S/K e teor de óleo. As associações que apresentaram valores mais elevados para um ou outro atributo de rendimento podem ser seleccionadas como pais para um programa de melhoramento posterior.

2.4 ANÁLISE DOS COEFICIENTES DE CORRELAÇÃO E DE TRAJECTÓRIA

Srivastava e Chauhan (1996) aplicaram a análise do coeficiente de caminho em Bauhinia variegata entre o peso seco do rebento e outros caracteres. Os resultados revelaram que a altura da plântula, o comprimento intermodal, o número de folhas e o peso fresco da raiz mostraram um efeito positivo direto máximo e desempenharam um papel importante no aumento do peso seco do rebento. Manga e Sen (1998) efectuaram um estudo sobre a associação entre as características da raiz e do rebento em plântulas de Prosopis cineraria. Os estudos revelaram que o peso seco estava alta e positivamente correlacionado com o peso seco do rebento ao longo dos seus traços morfométricos, nomeadamente a altura da plântula, o número de ramos e o diâmetro do colo.

Mohapatra e Chauhan (2000) efectuaram um estudo sobre a correlação e a análise do coeficiente de caminho em oito caracteres de Acacia cathechu. Os resultados revelaram que a correlação fenotípica do peso seco do rebento era positiva e significativa com todos os outros caracteres componentes. Os coeficientes de correlação genotípica foram significativos, positivos e de maior magnitude do que as correlações fenotípicas. A análise do coeficiente de caminho mostrou que o peso fresco do rebento, o peso seco da raiz, a área foliar e o número de folhas têm um efeito direto no peso seco do rebento. Por conseguinte, concluiu-se que deve ser dada maior importância a estas características ao formular índices de seleção para um melhor estabelecimento do crescimento das plântulas nas áreas de plantação. Dhillon et al (2000) efectuaram estudos de coeficiente de caminho em algumas características de plântulas de Dalbergia sissoo. Os resultados revelaram que a altura das plântulas, a altura até ao primeiro ramo e o peso das folhas contribuíam mais diretamente para o diâmetro do colo e eram designados como características essenciais ao nível das plântulas em espécies florestais.Wani et al. (2008) estimaram a correlação genotípica e fenotípica entre várias características de Bauhinia variegata. Foram seleccionadas trinta e duas fontes de sementes diferentes para a análise. Os estudos revelaram que os estudos de correlação permitem uma melhor compreensão durante o programa de seleção. Os resultados mostraram coeficientes de correlação fenotípica inferiores aos correspondentes coeficientes de correlação genotípica. Este facto foi atribuído quer ao efeito de alteração do ambiente, quer à forte associação inerente das características a nível genético.

Malhotra et al. (2013) efectuaram um estudo sobre a variação das características de germinação de Jatropha curcus ao nível do povoamento e da árvore. Os resultados revelaram uma elevada hereditariedade (77%) e um ganho genético moderado (21%) ao nível do povoamento. Sugeriu-se que a recolha de sementes para germinação fosse efectuada numa árvore individual e não num povoamento.

2.5 DIVERGÊNCIA GENÉTICA

Pandey et al. (1995) estudaram as características quantitativas de doze clones de Populus deltoides. Os clones foram divididos em cinco grupos e a distância intergrupos variou de 1,13 a 19,3. Chauhan et al. (1997) efectuaram um estudo sobre a magnitude da divergência genética entre vinte povoamentos de sementes de Bauhinia variegata de várias zonas agro-climáticas de Punjab, Himachal Pradesh e Uttar Pradesh na fase de crescimento de 12 meses. O agrupamento foi efectuado em nove grupos utilizando a análise D de Mahalanobis. A distância máxima observada foi de (526,80) nos agrupamentos VI, VII, VIII E IX e a distância mínima observada foi de (10,51) entre os agrupamentos VII e VIII e os agrupamentos VI E VIII, respetivamente. Hooda et al. (2009) estudaram a divergência genética em mais de trinta progénies de árvores de Pongamia pinnata. Os resultados mostraram que a árvore superior do agrupamento III e do agrupamento V pode ser utilizada como progenitores superiores com base numa média de agrupamento elevada e numa distância genética alargada. A variação observada foi significativa nas progénies para o comprimento do rebento e da raiz, percentagem de germinação, biomassa das plântulas e diâmetro do colo. O avanço genético em percentagem da média e a hereditariedade foram também moderados a elevados para o teor de óleo e de proteínas, o peso das sementes, o comprimento da raiz, o comprimento do rebento e o diâmetro do colo, o que indicou a eficácia da seleção destes caracteres para o cultivo de árvores de elevado rendimento.

CAPÍTULO-3

MATERIAIS E MÉTODOS

O presente estudo, intitulado **"Variação do comportamento fenológico e dos caracteres morfométricos em clones de Bauhinia variegata L."**, foi realizado no campo experimental e no laboratório do Departamento de Melhoramento de Árvores e Recursos Genéticos da Universidade de Horticultura e Silvicultura Dr. YS Parmar, Nauni, Solan (H.P.), durante 2018-2020, para avaliar diferentes clones relativamente a vários parâmetros fenológicos e morfométricos. Os pormenores experimentais relativos à área experimental e ao material e metodologia adoptados para o estudo são descritos no presente documento:

3.1 Área experimental

3.2 Procedimento experimental

3.3 Análise estatística

3.1 ÁREA EXPERIMENTAL

A experiência foi realizada no campo experimental do Departamento de Melhoramento de Árvores e Recursos Genéticos no campus principal da Universidade de Horticultura e Silvicultura Dr. Y.S. Parmar, Nauni, Solan, e a análise morfométrica foi efectuada no laboratório do departamento. O pomar de sementes clonais de Bauhinia variegata foi estabelecido em junho de 2011. A área apresenta condições climáticas subtropicais, com Verões moderadamente quentes e Invernos frios. A temperatura máxima superior a 35º C é registada em junho, tornando-o o mês mais quente do ano, e a temperatura mínima desce até 2º C em janeiro, tornando-o o mês mais frio. As chuvas de inverno devido a perturbações ocidentais também são comuns na região. A queda de neve e a ocorrência de geada no inverno também são bastante comuns. Em média, a área recebe chuvas de 1000-1300 mm/ano, a maior parte das quais se concentra durante a estação das monções.

3.2 PROCEDIMENTO EXPERIMENTAL

O pomar de sementes clonais da espécie foi cultivado em sistema de blocos aleatórios com três repetições. As árvores originais foram seleccionadas em diferentes locais de Himachal Pradesh, Haryana, Jammu & Kashmir e Uttrakhand. O ensaio de descendência foi criado e avaliado e os genótipos seleccionados foram posteriormente utilizados para criar um pomar de sementes clonais. O desempenho de crescimento dos clones foi registado ao longo dos anos e os 15 melhores clones foram seleccionados para análise posterior, de acordo com os seguintes pormenores

Número de tratamentos (clones)	=	15
Número de réplicas	=	3
Espaçamento	=	4 m × 3 m
Conceção	=	RBD

Quadro.1 Detalhes dos quinze principais clones seleccionados de Bauhinia variegata

N.º Sr.	Código clone (C)	Local das árvores originais seleccionadas	Estado
1	C1	Narag	Himachal Pradesh
2	C2	Arqui	Himachal Pradesh
3	C3	Jammu	Jammu e Caxemira
4	C4	Giripul	Himachal Pradesh
5	C5	Pinjore	Haryana
6	C6	Nauni	Himachal Pradesh
7	C7	Sundernagar	Himachal Pradesh
8	C8	Sarahan	Himachal Pradesh
9	C9	Dhaula Kuan	Himachal Pradesh
10	C10	Jwalaji	Himachal Pradesh
11	C11	Jhajjer Koti	Jammu e Caxemira
12	C12	Kandaghat	Himachal Pradesh
13	C13	Renukaji	Himachal Pradesh
14	C14	Palampur	Himachal Pradesh
15	C15	Sahastharadhara	Uttrakhand

As observações foram registadas em relação aos seguintes parâmetros:

3.2.1 Observações fenológicas

Para os estudos fenológicos, três ramos foram marcados com etiquetas metálicas e numerados de 1 a 3 em cada ramete de um clone e as observações foram registadas nos seguintes caracteres:

a) Aspeto do botão

A hora e o período de aparecimento dos botões foram registados até ao início da floração em cada ramo selecionado.

b) Floração

Foram feitas observações sobre a iniciação floral e a duração da floração, tendo sido mantidos registos.

c) Início da folha

O momento e a duração da iniciação das folhas foram observados e registados.

d) Queda de folhas

A queda das folhas foi registada após o período de frutificação da árvore ter terminado e a queda das folhas ter começado até ao registo dos dados relativos ao rendimento em folhas verdes.

e) Frutificação

O momento e a duração da frutificação foram observados em cada ramo selecionado e os registos foram mantidos em conformidade.

f) Desfolhamento de frutos

A primeira e a última queda de frutos foram observadas e registadas em cada ramo selecionado.

3.2.2 Parâmetros morfométricos

A. Caracteres de crescimento das árvores

a) Altura da árvore (m)

A altura da árvore foi medida com a ajuda do multímetro Ravi.

b) Diâmetro da árvore (cm)

O diâmetro das árvores foi medido com um compasso de calibre vernier ao nível do solo.

c) Número de ramos primários por árvore

Foram contados os números de ramos primários de cada árvore.

d) Extensão da copa (m²)

A área da coroa foi medida com uma fita métrica. Para obter leituras exactas, as medições foram efectuadas ao meio-dia.

B. Caracteres da folha

a) Comprimento da lâmina (cm)

Foi selecionada uma folha de cada direção, ou seja, norte-sul, este-oeste e uma folha do centro (5 folhas/planta) e o comprimento da lâmina de cada folha foi registado com uma régua.

b) Largura da lâmina (cm)

Foi retirada uma folha de cada direção, ou seja, norte-sul, este-oeste e uma folha do centro (5 folhas/planta) e, em seguida, a largura da lâmina de cada folha foi registada com uma régua.

c) Comprimento do pecíolo (cm)

Foi retirada uma folha de cada direção, ou seja, norte-sul, este-oeste e uma folha do centro (5 folhas/planta) e, em seguida, o comprimento do pecíolo de cada folha foi registado com uma régua.

d) Área foliar (cm²)

Foi retirada uma folha de cada direção, ou seja, norte-sul, este-oeste e uma folha do centro (5 folhas/planta) e, em seguida, a área foliar foi registada utilizando um medidor de área foliar.

5. rendimento em folhas   verdes (kg / árvore)

Todas as folhas de cada ramete foram recolhidas e pesadas numa balança. O peso das folhas de cada clone foi registado simultaneamente.

3.3 ANÁLISE ESTATÍSTICA

A análise estatística é uma ferramenta importante para a recolha, avaliação e interpretação dos dados. Os dados foram analisados estatisticamente utilizando o Randomized Block Design. (Panse, Sukhatma, 1967). Os componentes de variância, a hereditariedade, o ganho genético e a correlação foram trabalhados usando a metodologia de Zobel e Talbert (1984).

A tabela de análise de variância (ANOVA) foi elaborada da seguinte forma

Fonte	Grau de liberdade (df)	Soma de quadrados	Soma média dos quadrados	EM previsto
Replicações	r-1	-	-	-
Tratamentos	t-1	SS_1	MS_1	
Dentro do tratamento ou erro	(r-1)(t-1)	SS	EM	
Total	(rt-1)			

Onde,

r = número de replicações t = número de tratamentos

Os valores "F" calculados foram comparados com os valores "F" tabelados com os graus de liberdade adequados

Diferença crítica: Para comparar a média de várias entradas, a diferença crítica será calculada pela fórmula:

$$CD = SE \times t0.05$$

$$SE = \sqrt{\frac{2MSE}{r}}$$

Onde,

SE=Erro padrão da diferença das médias a comparar

t=Valor tabelado de t a um nível de significância de 5%

r=Número de replicações

MSE=soma média de quadrados do erro

Coeficiente de correlação: O coeficiente de correlação de Karl Pearson é determinado como

$$r_{xy} = C_{\bullet}V_{xy}$$

Onde,

rxy = Correlação entre x e y. Vx = Variação de x

Vy = Variação de y

Vxy = Covariância entre x e y

Variância: Variância fenotípicaVp = variância fenotípica

Vg = variância genotípica

Mg = soma média dos quadrados devida ao genótipo Me = soma média dos quadrados devida ao erro

r = número de repetições

Coeficientes de variabilidade: Fórmula de Burton e De - Vane, 1953.

$$PCV\% = \sqrt{\frac{Vp}{x}} \times 100$$

Onde,

PCV e GCV são os coeficientes de variação fenotípica e genotípica, respetivamente, e a barra x é a média populacional do carácter.

Hereditariedade: A hereditariedade em sentido lato h2 é calculada da seguinte forma

$$h^2 = \frac{Vg}{Vp} \times 100$$

Avanço genético:

Avanço genético = $h^2 \times \sqrt{Vp} \times K$

Onde,

h^2=Heritabilidade (sentido lato)

Vp=Variância fenotípica

K=Diferencial de seleção a 5% de intensidade de seleção 2,06 (Allard, 1960)

Ganho genético

$$\text{Genetic gain \%} = \frac{\text{genetic advance}}{\bar{x}} \times 100$$

Análise do coeficiente de caminho

As direcções do coeficiente de caminho foram calculadas através da análise simultânea das equações para diferentes variáveis, de acordo com o método apresentado por Dewey e Lu (1959) para dividir o coeficiente de correlação em efeitos directos e indirectos.

Divergência genética

A divergência genética foi medida utilizando a análise de agrupamento não hierárquica de Euclidean (Beale 1969 e Spark, 1973)

CAPÍTULO-4

RESULTADOS E DISCUSSÃO

A avaliação de vários clones fenotipicamente superiores é geralmente feita para identificar as progénies com melhor desempenho e descartar as progénies que não têm um bom desempenho. A ideia básica é identificar os progenitores excecionalmente bons com base no desempenho da sua descendência, que pode ser utilizada no futuro para vários fins, como o estabelecimento de um novo pomar de sementes, pomares de reprodução e produção, etc. Por conseguinte, a investigação intitulada **"Variação do comportamento fenológico e dos caracteres morfométricos em clones de Bauhinia variegata L."** foi levada a cabo para efetuar estudos fenológicos e identificar clones fenotipicamente superiores em termos de desempenho de crescimento. No total, foram seleccionados quinze clones e a experiência foi realizada no campo e no laboratório do Departamento de Melhoramento de Árvores e Recursos Genéticos da Universidade de Horticultura e Silvicultura Dr. YS Parmar, Nauni, Solan (HP). Os resultados obtidos relativamente ao comportamento fenológico e aos caracteres morfométricos são discutidos e apresentados a seguir:

4.1 Caracteres fenológicos

4.2 Avaliação de clones

4.3 Parâmetros genéticos

4.4 Análise de correlação e coeficiente de caminho

4.5 Divergência genética

31

4.1 CARACTERES FENOLÓGICOS

Foram registadas várias observações fenológicas por clone, incluindo a iniciação foliar, a queda foliar, a floração, a frutificação e a queda de frutos durante o período de estudo de um ano. A floração e a frutificação foram calculadas em número de dias e o período entre a queda da folha e a iniciação da folha, a iniciação da folha à floração, a iniciação da folha à frutificação e a floração à frutificação foram observados e registados como dados semanais. Os dados relativos a estas observações são apresentados no quadro 4.1.

1. Início da folha

As observações feitas mostraram que a iniciação foliar começou na maioria dos clones nos meses de março e abril.

2. Queda de folhas

Os resultados apresentados no quadro mostram que a queda das folhas começou no mês de setembro. A queda máxima de folhas foi observada em outubro e prolongou-se até novembro.

3. Floração

As observações revelaram que a floração começou no mês de março. A floração máxima foi observada no mês de abril e prolongou-se até maio.

4. Frutificação

Uma avaliação do quadro mostrou que a frutificação começou no mês de abril e durou até aos meses de junho-julho.

5. Desfolhamento de frutos

As vagens começaram a desprender-se no mês de maio e o máximo de desprendimento de frutos foi observado nos meses de junho-julho, como se pode ver no quadro.

Quadro 4.1 Dados que representam as várias observações fenológicas de 15 clones seleccionados de Bauhinia variegata

Clone	Início da folha	Queda de folhas	Floração	N.º aproximado de dias de floração	Frutificação	N.º aproximado de dias de frutificação	Desfolhamento de frutos
C1	março-abril	outubro	abril-maio	45	maio	25	junho
C2	março	outubro-novembro	abril-maio	50	abril-maio	50	maio-junho
C3	março	outubro	abril-maio	45	abril-maio	45	junho
C4	abril-maio	setembro-outubro	março-abril	42	maio-junho	40	maio-julho
C5	maio	outubro	abril-maio	38	maio	25	junho-julho
C6	março-abril	outubro-novembro	março-maio	67	maio	30	julho
C7	março-abril	novembro	abril-maio	45	maio-junho	50	junho-julho
C8	abril	setembro e outubro	abril-maio	50	junho	28	julho
C9	maio	outubro	abril-maio	53	maio-junho	40	junho-julho
C10	março-abril	outubro-novembro	abril-maio	50	abril-maio	50	maio-junho
C11	março	novembro	abril-maio	72	maio	70	junho-julho
C12	março-abril	novembro	abril-maio	35	maio	15	junho-julho
C13	abril-maio	setembro-outubro	março-maio	68	maio-junho	40	junho-julho
C14	abril	outubro-novembro	março-maio	65	abril-junho	65	maio-julho
C15	abril	outubro-novembro	março-maio	75	abril-maio	57	maio-junho

Quadro 4.2 Duração aproximada dos caracteres (em semanas) de Bauhinia variegata

Clone	Li-Lf (semanas)	Li-Fi (semanas)	Li-Fr (semanas)	Fl-Fr (semanas)
C1	25	4	8	4
C2	30	3	6	3
C3	28	3	5	4
C4	20	2	4	10
C5	19	2	1	2
C6	28	3	8	9
C7	23	2	9	5
C8	20	2	10	8
C9	21	3	3	4
C10	35	3	2	3
C11	35	4	3	2
C12	27	3	10	4
C13	27	4	3	10
C14	30	3	3	3
C15	30	3	3	3

Onde, Lf= queda de folhas, Li= início de folhas, nova folhagem, Fl= floração, **Fr**= frutificação.

De acordo com a figura 1, a floração máxima foi observada no clone C15 (Sahastharadhara) e a frutificação máxima no C11 (Jhajjer koti). Jadeja e Nakar (2010) também registaram observações sobre dez espécies lenhosas de oito famílias diferentes e   concluíram que a queda das folhas na maioria das espécies ocorreu durante janeiro e que as folhas novas começaram a surgir antes da monção, em fevereiro e março. A atividade de frutificação foi observada no máximo no mês de dezembro para cinco espécies. A Tectona grandis demorou o máximo de 146 dias a florescer, enquanto a Derris indica registou o período mais elevado de frutificação, ou seja, 246 dias, bem como o período mais elevado de floração a frutificação, 44 semanas por ano. Bajpai et al (2012) observaram os caracteres fenológicos de duas espécies arbóreas, Shorea robusta e Ficus hispida. O rebentamento dos rebentos e a floração iniciaram-se no pós-inverno (março-abril) e a queda máxima de folhas foi registada na estação pós-monção (novembro-fevereiro) em ambas as espécies. Em Shorea robusta, os frutos jovens começaram a aparecer na estação seca (maio) e amadureceram antes da chegada da monção (junho).

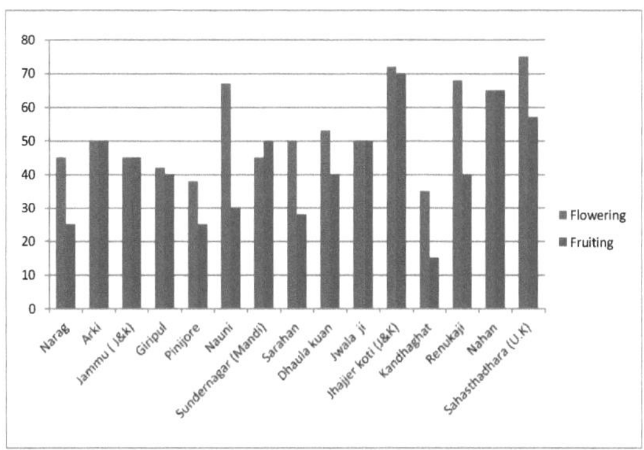

Figura 1: Gráfico que ilustra os fenómenos de floração e frutificação da Bauhinia variegata

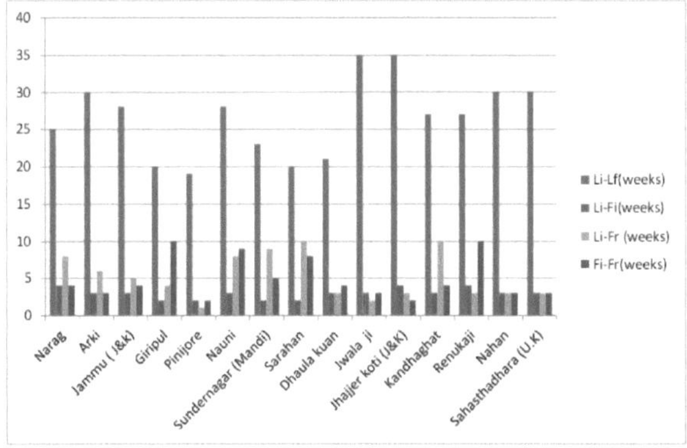

Figura 2: Gráfico ilustrando a iniciação foliar, a queda foliar, a floração (iniciação e queda) e a frutificação (iniciação e queda) de vários clones de Bauhinia variegata

4.2 AVALIAÇÃO DE CLONES

4.2.1 Desempenho de crescimento

A análise de variância revelou diferenças significativas entre os clones no que respeita a vários caracteres de crescimento e foliares.

1. Altura da árvore (m)

Os resultados apresentados na Tabela 4.3 mostraram a altura máxima para o clone C14 (13,83m), que foi significativamente igual ao clone C6 (13,16m), C4 (12,16m), C1 (11,66m), C7 (11,5m), C10 (11,5m), C13 (11m), C5 (10,16m), C15 (10,16m), C11 (9,66m), C12 (9,66m) e C3 (9,3m). No entanto, a altura mínima foi registada para o clone C8 (9m) e C2 (9m).

2. Diâmetro da árvore (cm)

Os resultados apresentados na Tabela 4.3 mostraram o diâmetro máximo para o clone C15 (13,15 cm), seguido por C7 (11,83 cm), C11 (11,78 cm), C14 (11,72 cm), C1 (11.46 cm), C4 (11,24 cm), C6 (10,18 cm), C10 (10 cm), C12 (9,33 cm), C13 (9,01 cm), C2 (8,70 cm), C3 (8,49 cm) , C9 (8,53 cm) e C5 (7,42 cm). Enquanto o diâmetro basal mínimo foi registado para C8 (6,41 cm)

3. N.º de ramos primários por árvore

Uma observação crítica da tabela 4.3 mostrou os valores mais altos em relação ao número de ramos primários para o clone C6 (5,66) e C1 (5.33) que foi estatisticamente igual ao clone C11 (4.66), C14 (4.66), C9 (4.33), C13 (4.33) C15 (4.33), C7 (4.33), C2 (4), C10 (3.66), C3 (3.66), C8 (3.33), C12 (3.33) e C5 (2.66). O valor mínimo, no entanto, foi obtido para o clone C4 (2,33)

4. Extensão da copa (m²)

Os resultados apresentados na Tabela 4.3 revelaram a área máxima de copa para o clone C15 (6.8m²) que foi significativamente diferente de todos os outros clones. Enquanto que a área mínima de copa foi encontrada para C2 (2.83m²).

Comprimento da lâmina (cm)

Os resultados do presente estudo (Tabela 4.4) revelaram o maior comprimento de lâmina para o clone C14 (12,26 cm), que foi significativamente diferente de todos os outros clones. Enquanto o menor comprimento de lâmina foi encontrado para C4 (6,04 cm.).

Tabela 4.3 Variação nos caracteres de crescimento entre diferentes clones de Bauhinia variegata

Clone	Altura da árvore (m)	Diâmetro da árvore (cm)	N.º de primários ramos	Alargamento da coroa (m²)
C1	11.66	11.46	5.33	3.65
C2	9.00	8.70	4.00	2.83
C3	9.33	8.49	3.66	2.86
C4	12.16	11.24	2.33	5.26
C5	10.16	7.42	2.66	2.93
C6	13.16	10.18	5.66	3.13
C7	11.50	11.83	4.33	3.16
C8	9.00	6.41	3.33	5.06
C9	9.66	8.53	4.33	4.16
C10	11.50	10.00	3.66	3.46
C11	9.66	11.78	4.66	3.81
C12	9.66	9.33	3.33	6.60
C13	11.00	9.02	4.33	3.56
C14	13.83	11.72	4.66	6.06
C15	10.16	13.15	4.33	6.80
Média	10.76	9.95	4.04	4.22
CD 0,05	1.13	1.13	1.32	0.40

Largura da lâmina (cm)

Uma leitura dos dados anexados na Tabela 4.4 mostrou a maior largura de lâmina para o clone C15 (13,28), que foi significativamente diferente de todos os clones. No entanto, a menor largura de lâmina foi observada para o clone C8 (8,03).

Comprimento do pecíolo (cm)

Um exame crítico dos resultados apresentados na Tabela 4.4 revelou o comprimento máximo do pecíolo para o clone C7 (4,59 cm), que foi significativamente diferente de todos os outros clones. Enquanto que o comprimento mínimo do pecíolo foi registado no clone C4 (2,02 cm).

Área foliar (cm²)

A leitura dos resultados apresentados na Tabela 4.4 mostrou a área foliar máxima para o clone C7 (190,43 cm²), que foi significativamente diferente de todos os outros clones. No entanto, a área foliar mínima foi registada no clone C8 (74,1 cm²).

Rendimento em folhas verdes (kg/árvore)

O resultado relacionado com o rendimento de folhas verdes, apresentado no Quadro 4.4, deu um rendimento máximo de folhas verdes para o clone C14 (13,1 kg/árvore), que foi significativamente diferente de todos os outros clones.

Tabela 4. 4 Variação nos caracteres foliares entre diferentes clones Bauhinia variegate

Clone	Comprimento da lâmina (cm)	Largura da lâmina (cm)	Comprimento do pecíolo (cm)	Área foliar (cm²)	Rendimento em folhas verdes (kg/árvore)
C1	7.08	8.94	2.51	107.08	5.50
C2	7.27	8.85	2.37	74.83	3.50
C3	10.34	12.39	3.47	177.76	3.00
C4	6.04	9.14	2.02	103.02	3.50
C5	8.08	9.17	2.76	107.55	4.50
C6	6.58	8.03	2.96	136.40	5.00
C7	10.26	10.14	4.59	190.43	6.00
C8	7.13	8.03	3.12	74.10	3.50
C9	9.19	11.00	3.80	119.89	4.50
C10	7.13	9.04	2.88	104.20	5.50
C11	9.86	8.67	4.01	132.32	4.00
C12	6.08	6.80	2.94	158.87	4.50
C13	9.25	9.45	3.84	130.90	5.00
C14	12.26	12.29	3.43	161.10	13.10
C15	11.63	13.28	3.47	119.16	8.00
Média	8.54	9.68	3.21	126.50	5.27
C.D.0.05	0.7	0.18	0.16	6.92	0.47

Os presentes estudos apoiam as conclusões de Wani (2005) que relatou a variação morfológica em trinta e duas árvores de Bauhinia variegata em condições de estufa e de campo. Os seus estudos revelaram que a descendência de árvores "plus" de Pinjour, Kandaghat e Giripul apresentou um desempenho excecional em termos de caracteres morfológicos, nomeadamente altura, diâmetro, número de ramos, área foliar, etc., em comparação com todas as outras descendências de árvores em estufa. Bajpai et al. (2015) também observaram variação entre 56 clones de Morus alba em relação ao comprimento do broto, comprimento da folha, largura da folha, comprimento do pecíolo, área foliar, distância inter-nodal, número de nós, comprimento do fruto, largura do fruto e peso do fruto.

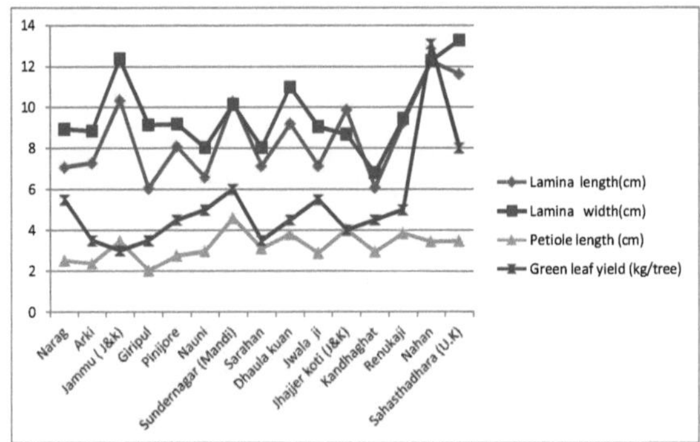

Figura 3. Variação dos caracteres foliares entre diferentes clones de Bauhinia variegata

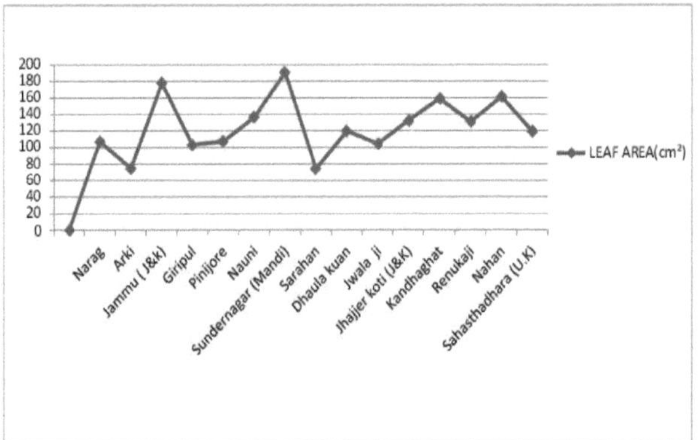

Figura 4. Variação da área foliar entre vários clones de Bauhinia variegata

4.3 ESTIMATIVAS DE VARIABILIDADE E PARÂMETROS GENÉTICOS

A variabilidade de uma determinada caraterística é a disparidade entre indivíduos de uma espécie. Essas diferenças podem ser devidas a influências genéticas ou ambientais. A influência fenotípica é a expressão combinada de cada uma delas. O valor observado de uma caraterística calculada num indivíduo é o valor fenotípico do indivíduo. Por conseguinte, a magnitude relativa destes componentes determina as propriedades genéticas de uma determinada espécie (Jain 1982). A variabilidade dos traços morfométricos foi estimada em termos de média, amplitude, coeficiente de variabilidade fenotípica e genotípica. Os parâmetros genéticos foram determinados em termos de hereditariedade (sentido lato), avanço genético e ganho genético para estes caracteres.

4.3.1 Traços morfométricos

Os resultados apresentados no Quadro 4.5 revelam que o valor médio mais elevado foi registado para a área foliar (126,59 cm2). Enquanto o valor médio mínimo foi registado para o comprimento do pecíolo (3,21 cm). O GCV e o PCV foram máximos para a produção de folhas verdes, ou seja, 48,503% e 48,81%, respetivamente, seguidos pela dispersão da copa (32,524% e 33,02%). Os valores mínimos de GCV e PCV foram registados para a altura da árvore (13,503% e 14,885%). Em geral, os valores do PCV foram superiores aos do GCV. A estimativa da hereditariedade é o grau de variação de uma caraterística fenotípica numa população que se deve à variação genética entre os indivíduos dessa população. É utilizada como medida estatística no domínio do melhoramento e da genética. Johnson et al (1955) e Burton (1953) propuseram que o estudo do GCV com a estimativa da hereditariedade daria a melhor imagem do progresso a alcançar através da seleção. Os resultados apresentados na Tabela 4.5 mostraram uma hereditariedade máxima para a largura da lâmina (99,628%) seguida pela produção de folhas verdes (98,749%). Por outro lado, a hereditariedade mínima foi registada nos ramos primários por árvore (50%). Em geral, a hereditariedade variou de moderada a elevada, o que mostra que as características estão sob boa influência do controlo genético. O avanço genético variou de 1,14 a 69,75 para ramos primários por árvore e área foliar. O ganho genético máximo foi observado na produção de folhas verdes (99,289%), seguido pela expansão da copa (65,993%). O valor mínimo de ganho genético foi observado na altura da árvore (25,233%).

Tabela 4.5 Estimativas de vários parâmetros genéticos para caracteres morfométricos em diferentes clones de Bauhinia variegata

Traço	Média	Hereditariedade (%)	Coeficiente genotípico de Variações	Coeficiente fenotípico de Variações	Avanço genético	Ganho genético
TH	10.77	82.293	13.503	14.885	2.717	25.233
TD	9.95	97.213	18.926	19.195	3.826	38.44
LA	126.59	98.564	26.945	27.141	69.758	55.107
CS	4.23	97.017	32.524	33.02	2.789	65.993
PBT	4.04	50	19.429	27.476	1.145	28.301
LLL	8.55	95.813	23.305	23.809	4.017	46.992
LLW	9.69	99.628	18.728	18.763	3.73	38.508
PL	3.21	97.869	21.199	21.429	1.388	43.202
GLY	5.22	98.749	48.503	48.81	5.183	99.289

Onde; TH= Altura da árvore, TD= Diâmetro da árvore, LA=Área foliar, CS= Afastamento da copa, PBT= Ramos primários por árvore, LLL= Comprimento da lâmina, LLW= Largura da lâmina, PL= Comprimento do pecíolo, GLY= Rendimento de folhas verdes.

Wani (2012) estimou o coeficiente de variação fenotípica e genotípica para diferentes características morfométricas em Bauhinia variegata e descreveu alta herdabilidade para diferentes características como o número de rebentos/planta

(0,99%), comprimento do rebento mais longo (0,99%), distância intermodal (0,93%), peso do pecíolo (0,86%), comprimento do pecíolo (0,97%), comprimento da lâmina (0,99%) e rendimento foliar/planta (0,99%). Bajapi et al (2015) também relataram alto PCV para vários caracteres de crescimento, como largura da folha, comprimento da folha, comprimento do pecíolo, distância intermodal, área foliar, número de nós, comprimento e largura do fruto e peso do fruto de Morus alba. Estes estudos apoiam os resultados da presente investigação.

4.4 ANÁLISE DE CORRELAÇÃO

4.4.1 Correlação

Os coeficientes de correlação foram calculados para vários traços morfométricos. Este coeficiente descreve a relação linear entre duas variáveis contínuas.

a. Estimativas da correlação genotípica entre diferentes características morfométricas

A análise de correlação revelou (Quadro 4.12) que a produção de folhas verdes estava positiva e significativamente correlacionada com a altura da árvore, o diâmetro da árvore, o comprimento da lâmina e a largura da lâmina. No entanto, a produção de folhas verdes não foi significativamente correlacionada com todas as outras características. A largura da lâmina teve uma correlação positiva e significativa com o diâmetro da árvore e o comprimento da lâmina. Com os restantes caracteres, a correlação não foi significativa.

Quadro 4.6 Estimativas dos coeficientes de correlação genotípica entre caracteres morfométricos em Bauhinia variegate

Características	TH	TD	LA	CS	PBT	LLL	LLW	PL	GLY
TH	1.000								
TD	0.480**	1.000							
LA	0.031	0.027	1.000						
CS	0.068	0.325*	-0.021	1.000					
PBT	0.300*	0.345*	0.11	-0.146	1.000				
LLL	0.07	0.385**	0.053	0.153	0.213	1.000			
LLW	0.098	0.355*	-0.041	0.173	0.113	0.835**	1.000		
PL	-0.097	0.187	0.077	0.173	0.278	0.682**	0.360*	1.000	
GLY	0.612**	0.555**	0.116	0.173	0.275	0.626**	0.548**	0.238	1.000

*A correlação é significativa ao nível de 0,05 (2 tailed).

**A correlação é significativa ao nível de 0,01 (2 caudas).

Onde; TH= Altura da árvore, TD= Diâmetro da árvore, LA=Área foliar, CS= Afastamento da copa, PBT= Ramos primários por árvore, LLL= Comprimento da lâmina, LLW= Largura da lâmina, PL= Comprimento do pecíolo, GLY= Rendimento de folhas verdes.

b. Estimativas da correlação fenotípica entre diferentes características morfométricas

A correlação fenotípica (Quadro 4.7) mostrou que a maioria dos traços morfométricos tinha uma correlação positiva e significativa entre si. A produção de folhas verdes foi significativamente correlacionada com a altura da árvore, o diâmetro da árvore, a dispersão da copa, os ramos primários por árvore, o comprimento da folha e a largura da folha. Apenas a área foliar e o comprimento do pecíolo não apresentaram correlações significativas com esta caraterística. O comprimento do pecíolo foi positivamente correlacionado com os ramos primários por árvore, o comprimento e a largura da folha. No entanto, as restantes características não estavam significativamente correlacionadas entre si. Os resultados dos estudos de correlação a nível genotípico e fenotípico do presente inquérito corroboram as conclusões de Wani et al. (2008), que estimaram a correlação genotípica e fenotípica entre vários traços de Bauhinia variegata. Verificaram que os coeficientes de correlação fenotípica eram inferiores aos coeficientes de correlação genotípica correspondentes. Este facto foi atribuído quer ao efeito de alteração do ambiente quer à forte associação inerente dos caracteres a nível genético. Mohapatra e Chauhan (2000) também encontraram correlações entre oito caracteres de Acacia cathechu. Os resultados revelaram que a correlação fenotípica do peso seco do rebento foi positiva e significativa com todos os outros caracteres componentes. Os coeficientes de correlação genotípica também se revelaram significativos para alguns caracteres.

Quadro 4.7 Estimativas dos coeficientes de correlação fenotípica entre caracteres morfométricos em Bauhinia variegate

Traço	TH	TD	LA	CS	PBT	LLL	LLW	PL	GLY
TH	1.000								
TD	0.543**	1.000							
LA	0.034	0.027	1.000						
CS	0.098	0.338*	-0.021	1.000					
PBT	0.411**	0.488**	0.132	-0.174	1.000				
LLL	0.086	0.406**	0.052	0.167	0.354*	1.000			
LLW	0.106	0.364*	-0.042	0.175	0.142	0.853**	1.000		
PL	-0.073	0.193	0.079	-0.061	0.428**	0.703**	0.367*	1.000	
GLY	0.689**	0.565**	0.115	0.468**	0.404**	0.646**	0.554**	0.242	1.000

*A correlação é significativa ao nível de 0,05 (2 tailed).
**A correlação é significativa ao nível de 0,01 (2 caudas).
Onde; TH= Altura da árvore, TD= Diâmetro da árvore, LA=Área foliar, CS= Afastamento da copa, PBT= Ramos primários por árvore, LLL= Comprimento da lâmina, LLW= Largura da lâmina, PL= Comprimento do pecíolo, GLY= Rendimento de folhas verdes.

4.4.2 Análise do coeficiente de caminho

A fim de compreender os aspectos casuais da correlação entre os vários traços analisados, a estimativa dos efeitos (directos e indirectos) foi elaborada através da análise do caminho.

a. Efeitos directos e indirectos de diferentes características morfométricas no rendimento em folhas verdes:

1. Altura da árvore

A altura da árvore apresentou um efeito direto positivo com a produção de folhas verdes (0,53). Um efeito indireto negativo foi explicado pelo diâmetro da árvore (-0,02) e pela largura da lâmina (-0,01), respetivamente.

2. Diâmetro da árvore

O diâmetro da árvore mostrou um efeito direto negativo absoluto (-0,06) com a produção de folhas verdes, tendo sido registado um efeito indireto positivo para a altura da árvore (0,25).

3. Área foliar

A área foliar demonstrou um efeito direto absoluto positivo (0,06) com a produção de folhas verdes, no entanto foi observado um efeito indireto negativo para o diâmetro da árvore (-0,001)

4. Extensão da coroa

A dispersão da copa apresentou um efeito direto positivo (0,354) na produção de folhas verdes. Enquanto mostrou um efeito negativo através do diâmetro da árvore (-0,01), área foliar (-0,001), ramos primários por árvore (-0,01) e largura da lâmina (0,02).

5. Ramos primários por árvore

Este carácter expressou um efeito direto positivo com a produção de folhas verdes (0,083). No entanto, o efeito negativo foi observado com o diâmetro da árvore, a largura da lâmina e o comprimento do pecíolo, respetivamente.

6. Comprimento da lâmina

O comprimento da lâmina demonstrou um efeito direto positivo com a produção de folhas verdes (0,76). Mostrou um efeito indireto positivo com a altura da árvore (0,03), a área foliar (0,003), a extensão da copa (0,05) e os ramos primários (0,01), respetivamente.

7. Largura da lâmina

A largura da lâmina revelou um pequeno efeito direto negativo com a produção de folhas verdes (-0,125). Apresentou um efeito direto positivo com o diâmetro da árvore (0,02), a área foliar (0,002) e um efeito negativo com o comprimento do pecíolo (-0,04).

8. Comprimento do pecíolo

O comprimento do pecíolo teve um pequeno efeito negativo direto na produção de folhas verdes (-0,185). Foi registado um efeito positivo indireto com a área foliar (0,005) e o comprimento da lâmina (0,524). No entanto, o efeito negativo indireto foi observado com a altura da árvore (-0,05), o diâmetro da árvore (-0,01), a extensão da copa (-0,02) e a largura da lâmina (-0,04)

Quadro 4.8 Estimativas dos efeitos directos e indirectos dos caracteres morfométricos na produção de folhas verdes em Bauhinia variegata

Características	TH	TD	LA	CS	PBT	LLL	LLW	PL	GLY
TH	0.5302	-0.02948	0.00211	0.02418	0.02506	0.05377	-0.01234	0.01804	0.53
TD	0.25467	-0.06138	0.00179	0.11518	0.02886	0.29575	-0.04458	-0.0348	-0.061
LA	0.01657	-0.00163	0.06735	-0.0075	0.0092	0.04103	0.00517	-0.01424	0.067
CS	0.03621	-0.01997	-0.00143	0.35409	-0.01223	0.11757	-0.02177	0.01086	0.354
PBT	0.15902	-0.0212	0.00741	-0.0518	0.08357	0.16349	-0.01418	-0.05166	0.084
LLL	0.03707	-0.0236	0.00359	0.05413	0.01776	0.76908	-0.10496	-0.12662	0.769
LLW	0.05204	-0.02176	-0.00277	0.06132	0.00943	0.64207	-0.12572	-0.06686	-0.126
PL	-0.05155	-0.01151	0.00517	-0.02073	0.02326	0.52471	-0.0453	-0.18558	-0.186

Resíduo = 0,14636

Onde; TH= Altura da árvore, TD= Diâmetro da árvore, LA=Área foliar, CS= Afastamento da copa, PBT= Ramos primários por árvore, LLL= Comprimento da lâmina, LLW= Largura da lâmina, PL= Comprimento do pecíolo, GLY= Rendimento de folhas verdes.

Os resultados da presente investigação são apoiados pelas conclusões de Srivastava e Chauhan (1996), que referiram que diferentes caracteres de crescimento mostraram um efeito positivo máximo e direto no aumento do peso seco dos rebentos de Bauhinia variegata. A correlação substancial e positiva entre diferentes características morfométricas realça a sua utilização na seleção indireta. Os resultados acima referidos estão também em consonância com os estudos de Dhillon et al.(2000) para Dalbergia sissoo e Luna et al (2009) para descendentes de híbridos de eucalipto, que observaram que diferentes caracteres apresentaram um efeito positivo direto no aumento do peso seco dos rebentos nas espécies mencionadas.

4.5 DIVERGÊNCIA GENÉTICA

Para identificar os diversos genótipos, a análise da divergência genética foi efectuada utilizando a análise de agrupamento euclidiano não hierárquico.

a. Divergência genética para características morfométricas

Todos os clones foram agrupados em cinco grupos com base em caracteres morfométricos (Quadro 4.9)

Tabela 4.9 Composição de agrupamentos euclidianos para traços morfométricos em Bauhinia variegata.

Aglomerado	Número de clones	Clones
I	2	1,6
II	6	2,5,10,4,8,12
III	2	3,9
IV	3	7,11,13
V	2	14,15

O agrupamento II apresentou o número máximo de clones (T2, T5, T10, T4, T8 e T12), o agrupamento IV continha três clones (T7, T11,T13), os agrupamentos I, III, V continham dois clones cada (T1,T6) (T3,T9), (T14, T15).

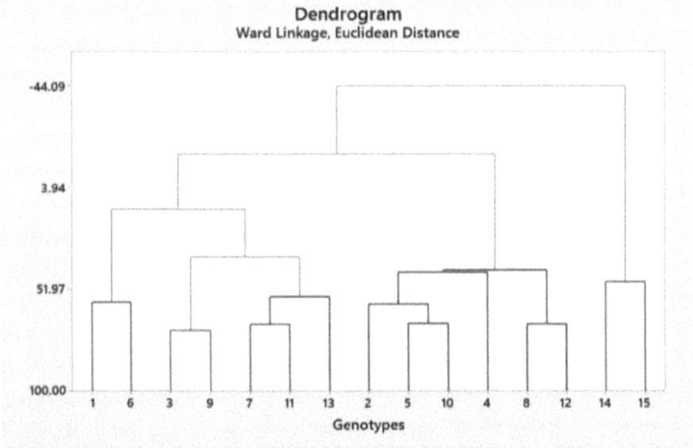

Figura 5. Dendrograma de agrupamentos para traços morfométricos de Bauhinia variegata

b. Contribuição de diferentes características para a divergência total

Os resultados apresentados na Tabela 4.10 mostram a maior contribuição da altura da árvore (17,55%), seguida do diâmetro da árvore (15,78%), da área foliar (15,43%) e da extensão da copa (15,16%) para a divergência total. A contribuição mais baixa foi dada pelo comprimento do pecíolo (4,67%).

c. Valor médio do agrupamento para diferentes caracteres

O valor mais elevado da altura da árvore foi observado no grupo I (1,09) e o mais baixo no grupo 1V (-0,02). O valor máximo do diâmetro da árvore foi registado no grupo V (1,31) e o mais baixo no grupo II (-0,58).O valor máximo de dispersão da copa foi observado no grupo V (1,59) e o mínimo nos grupos III e IV (-0,51). Para os ramos primários, o grupo I apresentou o valor mais elevado (1,60) e o grupo III (-0,04) registou o valor mais baixo. A média do comprimento da lâmina por cluster foi registada como a mais alta no cluster V (1,69) e a mais baixa no cluster II (-0,79). O valor mais elevado da largura da lâmina foi observado no grupo III (1,10) e o valor mais baixo no grupo IV (-0,14). O valor médio do comprimento do pecíolo foi mais elevado no grupo V (1,71) e o mais baixo no grupo II (-0,64). Para a produção de folhas verdes, o valor mais elevado foi registado no grupo V (2,11) e o mais baixo no grupo 1 (-0,009).

Quadro 4.10 Valor médio dos agregados e contribuição percentual de vários traços para a divergência total em Bauhinia variegate

Variável	Agregado I	Agregado II	Agregado III	Grupo IV	Agregado V	Percentagem contribuição
Altura da árvore	1.09633	-0.343296	-0.84163	-0.02953	0.81948	17.55
Diâmetro da árvore	0.45840	-0.580907	-0.76112	0.48745	1.31426	15.78
Área foliar	-0.28466	0.058094	1.02909	0.48843	0.40683	15.43
Alargamento da coroa	-0.60432	0.097303	-0.51386	-0.51386	1.59706	15.16
Ramos primários	1.60419	-0.906182	-0.04898	0.44085	0.50207	6.33
Comprimento da lâmina	-0.85646	-0.792230	0.60779	0.62025	1.69498	8.65
Largura da lâmina	-0.65990	-0.647964	1.10911	-0.14463	1.71164	9.27
Comprimento do pecíolo	-0.65990	-0.647964	1.10911	-0.14463	1.71164	4.67
Rendimento em folhas verdes	-0.00933	-0.442694	-0.60937	-0.10934	2.11080	7.25

O principal objetivo do programa de melhoramento de árvores é selecionar genótipos que melhorem a produtividade da floresta. A natureza e o grau de divergência são úteis nas progénies de árvores para as classificar em grupos com base na sua diversidade, especialmente quando a sobreposição é frequente para um ou mais caracteres. Também ajuda na seleção de progenitores para objectivos específicos de reprodução, de modo a obter segregados transgressivos adequados. Os resultados do presente estudo estão de acordo com as conclusões de Pandey et al. (1995) em clones de Populus deltoides. A divergência genética foi elevada para dezasseis características quantitativas. Chauhan et al. (1997) também estudaram a divergência genética em povoamentos de sementes de Bauhinia variegata. A distância máxima foi observada nos grupos VI, VII, VIII e IX e a mínima entre os grupos VII e VIII e os grupos VI e VIII, respetivamente.

CAPÍTULO-5

RESUMO E CONCLUSÃO

A presente investigação intitulada **"Variação em caracteres fenológicos em clones de Bauhinia variegata L"**, foi realizada no Departamento de Melhoramento de Árvores e Recursos Genéticos, Dr. YS Parmar University of Horticulture and Forestry, Nauni, Solan (HP) durante 2019-2020, a fim de determinar a variação em diferentes clones para caracteres fenológicos, características morfométricas como também estimativa de parâmetros genéticos, correlação, análise do coeficiente de caminho e estudos de divergência. O pomar de sementes clonais de Bauhinia variegata foi estabelecido em junho de 2011 em um projeto de blocos aleatórios com três replicações. As observações foram feitas sobre o desempenho de crescimento dos clones nos pomares de sementes clonais ao longo dos anos e os quinze principais clones foram selecionados para análise posterior. No presente estudo, a maior parte das observações foram registadas no campo. A área foliar foi registada no laboratório. A análise de variância revelou diferenças significativas entre os clones para todos os traços morfométricos. Nas observações fenológicas, a melhor floração foi registada no C 11 (Jhajjer koti), enquanto a melhor frutificação foi registada no C 15 (Sahastharadhara). Entre os clones, o tempo máximo registado foi de 30 semanas desde a iniciação da folha até à queda da folha, da iniciação da folha até à iniciação da flor 4 semanas, da iniciação da folha até à frutificação 10 semanas e da floração até à frutificação foi também de 10 semanas. Entre o s traços morfométricos, o diâmetro da árvore (13,15 cm), a dispersão da copa (6,8 m²) e a largura da lâmina foliar (13,28 cm) foram observados no máximo no C 15. No entanto, o maior comprimento da lâmina (12,26cm), a produção de folhas verdes (13,1kg/árvore) e a altura da árvore (13,83m) foram registados

52

para o C 14. Os coeficientes de correlação para todos os traços de crescimento foram estimados tanto a nível genotípico como fenotípico. Na correlação genotípica, a produção de folhas verdes foi positivamente correlacionada com a altura da árvore, o diâmetro da árvore, o comprimento da lâmina e a largura da lâmina. Na correlação fenotípica, a produção de folhas verdes foi altamente correlacionada com a altura da árvore, o diâmetro da árvore, a dispersão da copa e os ramos primários por árvore. A área foliar e o comprimento do pecíolo não apresentaram efeitos significativos na produção de folhas verdes. A análise do coeficiente de caminho revelou que a maioria dos traços morfométricos contribuiu para o efeito direto máximo sobre a produção de folhas verdes. A análise da divergência genética revelou que a altura da árvore, o diâmetro da árvore, a área foliar e a dispersão da copa contribuíram ao máximo para a divergência total.

CONCLUSÕES

• Entre as observações fenológicas, a melhor floração e frutificação foram registadas no clone C 11 (Jhajjer koti) e no clone C 15 (Sahastharadhara), respetivamente.

• Os clones C 14 (Palampur) e C15 (Sahastharadhara) apresentaram um desempenho excecional para a maioria dos caracteres morfométricos, incluindo a maior produção de folhas verdes, ou seja, 13,10 kg e 8,00 kg por árvore, respetivamente.

• Foi observada uma elevada hereditariedade com elevado ganho genético para a produção de folhas verdes e para a área foliar.

• Foram observadas correlações fenotípicas e genotípicas positivas e significativas para a maioria dos caracteres.

• A análise do coeficiente de caminho revelou que o máximo de características morfométricas teve um efeito direto e mais elevado na produção de folhas verdes.

• A análise da divergência genética revelou que a altura da árvore, o diâmetro da árvore, a área foliar e a dispersão da copa contribuíram ao máximo para a divergência total. Por conseguinte, deve ser dada preferência a estes parâmetros para posterior seleção em programas de melhoramento.

LITERATURA CITADA

Allard R W. 1960 Principles of Plant Breeding. John Wiley and Sons, Nova Iorque, 485 p.

Al-Snafi AE.2013. A importância farmalógica da Bauhinia variegataa revisão. Revista Internacional de Ciências e Investigação Farmacêutica 4:160-164.

Anand R K. 2003. Avaliação em viveiro de progénies de Bauhinia variegata Linn. Tese de Mestrado. Dr. Y.S. Parmar Universiity of Horticulture & Forestry, Solan (H.P.) 83 p.

Anil e Srivastava Prabodh.2017. Estudos morfológicos e fenológicos de Bauhinia variegata L. Asian Journal of Agriculture and Life Sciences 3 (**2**): 44-48.

Anónimo.1983. Troup's the Silviculture of Indian Trees. Vol. IV, Controller of Publication, Delhi, pp.184-187.

Bajpai KP, Warghat RA, Kant A, Srivastava BR e Stobdan T. 2015. Alta variação fenotípica em Morus alba L. ao longo de um gradiente altitudinal no trans-Himalaia indiano. Journal of Mountain Science 12: 446-455.

Bajpai Omesh, Kumar Anoop, Mishra A K., Sahu N, Behera KS, e Chaudhary LB.2012. Estudo fenológico de duas espécies de árvores dominantes em florestas tropicais húmidas e decíduas do norte da Índia. Revista Internacional de Botânica 8(**2**): 66-72.

Burton G W. e De Vane E W.1953. Estimativa da hereditariedade na festuca alta (Festuca aurandineae) a partir de material clonal replicado. Agronomical Journal 1:78-81.

Calagari M. e Modirrahmati AR. 2006. Variação morfológica nos traços foliares da população natural de Populus euphratica Oliv. Revista Internacional de Agricultura e Biologia 8(6):754-758.

Chauhan K C, Srivastava A, Thakur R C.1997. Análise da diversidade genética em povoamentos de sementes de
Bauhinia variegata Linn. Indian Journal of Plant Genetic Resources 10 (1):115-121.

Chauhan R, Chauhan S e Khajuria H N.2004. Estudos de biologia reprodutiva e variabilidade em Dalbergia sissoo (Roxb.). Avanços na investigação florestal na Índia 28:24-37.

Chauhan S e Singh R.2001. Estudos sobre a biologia floral de Terminalia arjuna. Avanços na investigação florestal na Índia 25:27-39.

Chopra RN e Nayar SL.1956. Glossário de Plantas Medicinais Indianas CSIR, 350 p.

Dhillon R S, Singh V P e Dhanda S K. 2000. Estudos de correlação e coeficiente de caminho em alguns traços de mudas em shisham (Dalbergia sissoo Roxb.). Indian Journal of Forestry 23(1):67-69.

Dutta Gitamani e Devi Ashalata.2015.Phenology and population structure of six tree species in tropical forest of Assam northeast India. Tropical Ecology 56(3): 393-399.

Farooq M, Anjum W, Hussain M, Saqib Z, Shah A H., Khan K.R., Nazir J e Gul S.2018. Diversidade, fenologia e espetro biológico da flora arbórea no alto Tanawal, distrito de Mansehra, KP, Paquistão. Notícias Mundiais de Ciências Naturais16(18) 86-96.

Fenner Micheal.1998.A fenologia do crescimento e da reprodução nas plantas.

Perspectivas em Ecologia Vegetal, Evolução e Sistemática 1/1 : 78-91.

Gautam S.2012. Bauhinia variegata, árvore medicinal e de utilidade geral. ENVIS, Boletim Florestal 12(**2**): 61-64.

Goel V L, Dogra P D e Behl H M.1997. Seleção de árvores Plus e avaliação da sua descendência em
Prosopis juliflora. Indian Forester março:196-205.

Hidayat I W e Suhendri Y.2020. Fenologia de floração e frutificação de Acer laurinum (Sapindaceae) num sítio de conservação ex situ. Actas do Seminário Nasional Masyarakat Biodiversitas Indonesia 6(**1**): 500-504.

Hooda MS, Dhillon RS, Dhanda S, Kumari S, Dalal V e Jattan M.2009. Estudos de divergência genética em mais árvores de Pongamia pinnata (Karans). Indian Forester 135(**8**):1069-1080.

Jadeja BA, Nakar RN. 2010.Phenological studies of some tree species from Girnar reserve forest, Gujarat, India. Plant Archives 10 (**2**) pp 825-828.

Johnson HW, Robinson HF e Comstock RE.1955. Estimativas da variabilidade genética e ambiental da soja. Agronomy Journal 47:314-18.

Kaur G, Singh B P. e Nagpal A K.2013. Fenologia de alguns fanerogramas do noroeste de Punjab, Índia. Journal of Botany10 p.

Kimkim A, PS Yadava 2001. Phenology of tree species in subtropical forests of Manipur in north eastern India (Fenologia de espécies arbóreas em florestas subtropicais de Manipur no nordeste da Índia). Tropical Ecology 42(**2**): 269-276.

Kirtikar K R e Basu B D. 1933. Indian Medicinal Plants II. M/S Bishen Singh, Mahendra, Pal Singh Dehradun 898 p.

Lavania, S.K., Singh, Virendra.Kumar, A.2006.Trees as a source of forder in hills.
International Journal of Forest Usufruct Management 7(**1**):91-95.

Lokho Adani e Kumar Yogendra.2012.Fenologia reprodutiva e análise morfológica do dendrobium indiano Sw.(Orchidaceae) da região nordeste. Revista Internacional de Publicações Científicas e de Investigação 2: ISSN 2250-3153.

Luna R K e Singh Bikram. 2009. Estimativa da variabilidade genética e da correlação na descendência de híbridos de eucalipto para uma seleção mais precoce. Indian Forester 135(**2**):147-151.

Ma H, Dong Y,Chen Z, Liuo W, Lei B, Gao k, Li S e An X. 2015.Variação nas características de crescimento e propriedades da madeira de clones híbridos de choupo branco. Forest 6:1107-1120.

Manga V K and Sen, David N.1998.Variability and association among root and shoot traits in seedlings of Prosopis cineraria. Journal of Tree Science 17(**1&2**): 33-38.

Mariappan N e Sankhyan H P. 2009. Estimativa da variabilidade e dos parâmetros genéticos dos nutrientes da forragem foliar e dos traços morfométricos de Grewia laevigata Vahl. Em Himachal Pradesh. Green Farming **2**(9):629-631.

Mishra A, Nautiyal S e Nautiyal D.2009. Características de crescimento de algumas espécies indígenas de madeira para combustível e de árvores forrageiras dos Himalaias subtropicais. Indian Forester 135:373-379.

Mishra R.K., Upadhyay V.P., Bal S., Mohapatra PK. e Mohanty RC.2006. Fenologia de espécies de sítios de floresta decídua húmida da Reserva da Biosfera de Similipal.

Mohapatra K P, Chauhan K C.2000. Análise de trajetória de características métricas em Acacia catechu Willd.
Indian Journal of Plant Genetic Resources 13(**3**),259-263.

Mohapatra K P.1996. Estudos de variabilidade de características de plântulas de Acacia catechu Wild em condições de viveiro. Tese de Mestrado. Dr. Y S Parmar University of Horticulture & Forestry, Solan (HP) Índia.89 p.

Nakar R.N. e Jadeja B.A.2015. Fenologia de floração e frutificação de algumas ervas, arbustos e subarbustos da reserva Girnar frest, Gujarat, Índia. Ciência atual 111-118.

Nakar RN, Jadeja BA e Dhaduk H.L.2014.Phenological studies of two bombacacean members from Girnar reserve forest Junagarh, Gujarat, India. Indian Forester 140(**1**):59- 64.

Nakar RN, Jadeja BA, Dhaduk HL.2014. Estudos fenológicos de dois membros de Bombacaceaen da floresta de reserva de Girnar, Junagarh, Gujarat, Índia. Indian forester140 (**1**): 59- 64.

Negi SS, Pal RN e Ehreick C.1979. An introduction to six most common forder trees in Himachal Pradesh state of India and their feeding value for cattle. Agência Alemã de Cooperação Técnica (GTZ), República Federal da Alemanha, Eshbom, 668p.

Negi SS.1972. Fodder trees of Himachal Pradesh (Árvores forrageiras de Himachal Pradesh). Indian Forester **103**: 616-622.

Opler PA, Frankie GW, Baker HG.1980. Estudos fenológicos comparativos de espécies arbóreas e arbustivas em florestas tropicais húmidas e secas nas terras baixas da Costa Rica. The Journal of Ecology :167-188

Pal R N,Dogra K K , Singh L N and Negi S S.1979.Chemical composition of some forder trees in Himachal Pradesh. Forage Research 5:109-115.

Pande P K, Singh J, Meshram P B, Banerjee S K e Pal M. 2004. Phenological studies on Azadirachta indica A. Juss (Neem) of Satpura and adjacent agro climatic zones of Madhya Pradesh. Indian Forester 3:273-282.

Pandey Deepak, Tewari S K, Tripathy S. 1995. Genetic divergence in Populus deltoids Bart.
Indian Journal of Genetics and Plant Breeding 55(**2**):129-131.

Panse VG e Sukhatme PV.1967. Statistical methods for agricultural workers. ICAR, Nova Deli. 610 p.

Pant K S, Prabhakar M e Panwar P. 2003. Biologia floral de Grewia optiva Durummond.
Anais da Investigação sobre Plantas e Solos 5(**1**):61-69

Peris NW, Gacheri KM, Theophillus MM e Lucas N.2015. Caracterização morfológica de acessos de amoreira (Morus spp.) cultivados no Quénia. Pesquisa em Agricultura Sustentável 3:10-17.

Prajapati DR, Saresh NV e Khanduri VP.2016. Variação morfológica nas folhas de Grewia optiva Drumm.ex Burr. ao longo do gradiente altitudinal. Avanços em Ciências da Vida 5(**20**): 2278-3849.

Rai P A e Samanta AK.2007. Folhas de árvores, sua produção e valor nutritivo para ruminantes: uma revisão. Animal Nutrition and Food Technology 7:135-39.

Rana Vijay, Rameshwer e Poonam .2009. Desempenho da descendência de mais árvores de Toona ciliata em condições de viveiro e de campo. Indian Forester 135(**1**):92-98.

Rawal RS, Bankoti NS, Samant SS, 1991. Phenology of tree layer species from the timber line around Kumaun in central Himalaya India Vegetation 93 (**2**):

108-118.

Renjumol R e Radhamany PM. 2017. Biologia reprodutiva de Amherstia nobilis WALL.(Fabaceae). O Jornal Internacional de Biologia Reprodutiva de Plantas **9(1):** 73- 76.

Sangram Chavan e Keerthika A. 2013. Variabilidade genética e estudos de associação entre características morfológicas dos recursos genéticos de Leucaena leucocephala. Revista de Investigação em Ciências Agrárias e Florestais 1 **(8)**:23-29.

Sankhyan HP, Sehgal RN e Bhrot NP. 2004. Variação dos caracteres morfológicos em diferentes espécies de espinheiro-marítimo nos desertos frios de Himachal Pradesh. Indian Journal of Forestry 27:129-132.

Sharma J K, Mishra V K e Verma K S. 2001. Tendências sazonais em macronutrientes foliares e tempo ótimo de corte de Bauhinia ratusa e Mallotus philipinensis - espécies agroflorestais potenciais. Indian Journal of Forestry 24 **(4)**: 427-432.

Singh LS e Sahoo UK.2019. Mudança na fenologia de algumas espécies de árvores dominantes devido às alterações climáticas em Mizoram, Nordeste, Índia. Jornal Indiano de Ecologia 46(**1**):132-136.

Singh RV. 1982. Fodder Trees of India (Árvores forrageiras da Índia). Oxforded IBH Publishing Co, Nova Deli, 663p.

Singhal VK, Kaur H, e Dhaliwal RS. 2005. Biologia floral, mecanismo de polinização e sistema de reprodução em Bauhinia variegata Linn. Bionature 25(**1&2**): 83-88.

Srivastava A e Chauhan K C, 1996. Análise do coeficiente de caminho entre o peso seco do rebento e outros caracteres em Bauhinia variegata Linn. Tese de

Mestrado. Dr Y S Parmar University of Horticulture & Forestry, Solan(HP) 97p.

Sundarapandian SM, Chandrasekaran S, e Swamy PS. 2005. Phenological behavioir of selected tree species in tropical forests of Kodayar in the Western Ghats, Tamil Nadu, India. Current Science 88: No.5.

Sutar SS e Salunke RJ.2016. Estudo da venação foliar em algumas espécies do género Bauhinia L. Journal of Pharmacognosy and Phytochemistry. 5(4): 122-124.

Thakur I K, Thakur R C e Gupta A. 2000. Variabilidade, hereditariedade e estimativas de avanço genético em Alnus nitida na fase de viveiro. Indian Journal of Tropical Biodiversity 7-8(1- 4):73-76.

Triphati A, Mishra D K, Shukla J K. 2013. Variabilidade genética, herdabilidade e avanço genético dos componentes de crescimento e rendimento dos genótipos de Jatropha (Jatropha curcas Linn.). Springer 27: 1049-1060.

Veerendra H C S e Sharma C R.1990.Variation studies in Santalum album time of emergence and seedling vigor. Indian Forester 116(17):568-571.

Wani AM, Anlong R. Joseph R e Chauhan KC.2008.Association analysis for morphological and biomass traits in Bauhinia variegata seedlings in India (Análise de associação para características morfológicas e de biomassa em plântulas de Bauhinia variegata na Índia). Indian Journal of Tropical Biodiversity 16 (1):61-69.

Wani SA, Malik GN, Mir MR, Parveez G, Majid N e Bhat MA.2014.Avaliação de germoplasma de amoreira com base nos parâmetros de folha e rendimento. The Biscan 9:1399-1404.

Wani, AM . 2005 Biologia reprodutiva e variabilidade genética de Bauhinia variegate Linn. Tese de doutoramento. Dr. Y.S. Parmar, Universidade de

Horticultura e Silvicultura, Solan (H.P.).150 p.

White K J, Gautam I e Dhar M.1990. Seis proveniências nepalesas de Dalbergia sissoo. Banke Jankari 2(**4**):363-376.

I want morebooks!

Buy your books fast and straightforward online - at one of world's fastest growing online book stores! Environmentally sound due to Print-on-Demand technologies.

Buy your books online at
www.morebooks.shop

Compre os seus livros mais rápido e diretamente na internet, em uma das livrarias on-line com o maior crescimento no mundo! Produção que protege o meio ambiente através das tecnologias de impressão sob demanda.

Compre os seus livros on-line em
www.morebooks.shop

Printed by Books on Demand GmbH, Norderstedt / Germany